INDICE GENERA

Capítulo 1 : …………………………………………………………………pag.4

Antecedentes de los PLC

Control y Automatización

Automatización dedicada o estándar.

Automatización Flexible

Los Relevadores como elementos de la automatización

Dedicada

El PLC como parte modular de la automatización Flexible

Capítulo 2 : …………………………………………………………………pag.8

Aplicaciones Genéricas.

Donde instalar un PLC

Ventajas y desventajas en el empleo de un PLC

Criterios para seleccionar un PLC

Capítulo 3 : …………………………………………………………………pag.10

Arquitectura de un PLC y sus señales.

Unidad Central de Proceso

Módulo de entrada y salida de Datos

Dispositivo de Programación o Terminal

Tipos de señales de un PLC

Capítulo 4: …………………………………………………………………pag20

Sensores y Actuadores típicos que se emplean en un

PLC

Sensores

Sensores Discretos

Sensores Analógicos

Actuadores

Capítulo 5: ……………………………………………………………….. pag.26

Conociendo el Lenguaje en Escalera

Capítulo 6 :……………………………………………………………… pag.32

Funciones Lógicas de un PLC.

Función Lógica AND (Y)

Función Lógica OR (O)

Función Lógica Inversora (NOT)

Función Lógica no Inversora

Capítulo 7: …………………………………………………………..…pag.35

Programación Intuitiva de un PLC

Capítulo 8 : …………………………………………………………….pag.41

Programación mediante Tablas

Programación de una entrada y una salida mediante tabla de

Programación de la función lógica AND (Y) mediante una tabla de

Programación de la Función Lógica OR (O) mediante una tabla de

Programación

Capítulo 9 : …………………………………………………..…………pag.46

Herramientas Complementarias de Programación y un

Ejemplo Práctico 1

Empleo de temporizador Mando Bimanual

Capítulo 10 : …………………………………………………………..pag.51

Herramientas Complementarias de Programación y otro

Ejemplo Práctico 2

Empleo de Contador

Banda Transportadora

Capítulo 11: ……………………………………………………………..pag.56

Otras herramientas de Programación y un ejemplo

Práctco 3

Empleo del bit especial

Llamar Función

Banda Transportadora con Botnos luminosos Intermitentes

Capítulo 12:…………………………………………………………………..pag.60

Programación Mediante Diagramas de tiempo y

Ejemplos Prácticos

Diagramas de tiempo en Programación

Programación Secuencial empleando diagramas de tiempo

Programación Secuencial para controlar un proceso de Dos Actuadores

Programación

AUTOMATIZACION DEDICADA / FLEXIBLE

ANTECEDENTES DE LOS PLCs

Control y automatización. Los relevadores como elementos de la automatización dedicada. El PLC como parte medular de la automatización flexible.

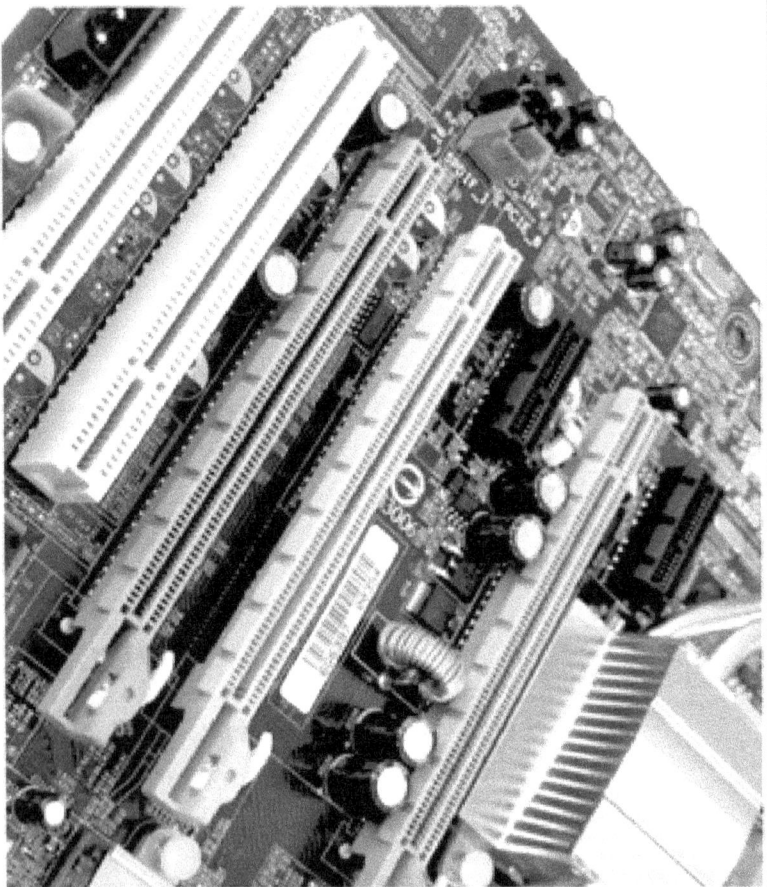

El acto de llevar a cabo funciones de control se refiere al proceso que se desarrolla dentro de un sistema, el cual tiene como antecedente que una o varias magnitudes de entrada (variables físicas que se encuentran en el medio ambiente) incidan y manipulen, a su vez, una serie de magnitudes de salida; todo esto, a partir de una lógica de control que conlleve de manera implícita acciones bajo el principio de "seguridad intrínseca" que sea propia del sistema.

En la figura 1 vemos esquematizado un sistema de Control Automático. Cuando se establece una secuencia de pasos para realizar una tarea determinada, de acuerdo con los datos obtenidos del medio ambiente, se busca que el proceso o sistema se controle por sí mismo. Una vez que se ha logrado lo anterior, se considera que el proceso ha sido automatizado, tomando en cuenta que una de sus principales aplicaciones está en el auxilio de las tareas que tiene que realizar el ser humano en los aspectos relacionados con la precisión, rapidez y seguridad. Cualquier sistema de control "automático" debe ser estable, siendo éste un requerimiento primario. El concepto de estabilidad ideal que se estima como absoluto, se refiere a que en un sistema de control las respuestas son totalmente inmediatas a la manipulación de las variables de entrada al sistema, pero en realidad, un sistema debe poseer una estabilidad relativa razonable, es decir, la velocidad de respuesta debe ser justamente rápida (de acuerdo a los sensores y actuadores empleados) y debe presentar un buen grado de flexibilidad. Además de lo anterior, un sistema de control debe tener la capacidad de poder reducir a cero un valor suficientemente pequeño derivado de los márgenes de error que pudieran suscitarse. Fundamentalmente las tecnologías existentes para constituir un sistema de control automático se orientan a los conceptos llamados "Automatización Dedicada o Estándar", y "Automatización Flexible".

Automatización Dedicada o Estándar

Los elementos representantes de esta tecnología son los llamados relevadores electromecánicos, los cuales una vez instalados, hacen indeseable la acción de llevar a cabo modificaciones en su lógica de operación, debido a lo problemático y conflictivo que resulta cambiar el diseño de un sistema de control.

Los relevadores electromecánicos están constituidos por una bobina que al energizar sus terminales produce un campo magnético, que a su vez provoca que una serie de contactos móviles se cierren o abran, interrumpiendo o permitiendo respectivamente el paso de la corriente eléctrica a través de ellos; tomando en

Antecedentes de los PLCs

Figura 1

Figura 3

cuenta esta manera de actuar, un relevador electromecánico tiene dos estados de operación, uno cuando su bobina se encuentra sin energía (equivalente al 0 lógico) y cuando su bobina se encuentra energizada (equivalente al 1 lógico).

El estado de los contactos de los relevadores electromecánicos se puede ramificar a muchas otras ubicaciones, haciendo sentir así sus efectos en varios puntos a lo largo del circuito de control. Aprovechando las características anteriores, los relevadores electromecánicos a través de sus contactos alimentan las bobinas de otros relevadores, esto es, controlan otros bloques de relevadores, que al estar agrupados en circuitos realizan las operaciones lógicas del sistema de control automático.

En la figura 2 se ve un bastidor con relevadores.

Figura 2

Automatización Flexible

Los sistemas de control que trabajan bajo esta filosofía, basan su toma de decisiones por medio de la ejecución de instrucciones codificadas, las cuales están almacenadas en un circuito de memoria e interpretadas por un microprocesador o microcontrolador. Lo importante de la automatización flexible es que si resulta necesario modificar el sistema de control, basta con cambiar las instrucciones codificadas.

En la figura 3 se observan algunos controles electrónicos.

La automatización flexible está conformada por un sistema de Control Lógico Programable (Programmable Logic Control "PLC") capaz de realizar el procesamiento de señales binarias basándose en un programa establecido por el usuario, y que contiene puertos de entrada, salida y transmisión de datos con la debida interacción para su operación. De esta manera, con las señales de entrada y salida se pueden controlar directamente secuencias mecánicas, o procesos fabriles.

Los campos donde puede tener aplicación un sistema PLC prácticamente son innumerables. Estos sistemas de control se destinan principalmente para las funciones de "control de procesos", en donde se encargan de que cada paso o fase del proceso sea efectuado en el orden cronológico correcto y sincronizado que previamente fue establecido.

Un sistema PLC se basa en un tipo de computadora de uso específico, diseñada para ambientes de trabajo en donde su misión primordial es el control de procesos industriales, que pueden ser constituidos por diversos tipos de maquinaria, robots, líneas de ensamble, etc.

Vea en la figura 4 el proceso de automatizado.

En muchas ocasiones un PLC puede disponer de un teclado como elemento de entrada de datos, pero el control lógico programable sólo responderá en lo que corresponde a sus acciones de control con la información que le proporcionen sus sensores. Por otra parte, al control lógico programable puede hacérsele un seguimiento detallado de las actividades de control que realiza durante su operación, por medio de un monitor o impresora. Según sea la situación real a la que se tenga que dar una respuesta, la configuración interna del PLC puede tener un grado alto o bajo de complejidad, independientemente del grado de complejidad de la aplicación.

Un PLC consta de los siguientes componentes esenciales:

Hardware.- Se trata de todos los componentes electrónicos que conforman al sistema de control, siendo su tarea principal la de activar o desactivar los mandos por medio de las cuales se manipulea toda la serie de elementos de potencia

Figura 4

CONTROL LOGICO PROGRAMABLE

que tenga conectados, todo esto en función de una secuencia lógica determinada. El elemento más importante del hardware es el microprocesador o microcontrolador.

Software.- Es la parte intangible que no tiene una parte física, ya que se trata de los programas que determinan la forma de operar del sistema de control, o dicho de otra forma, son las instrucciones que representan la generación de los mandos que gobiernan a la parte electrónica. Los programas se encuentran almacenados dentro de una memoria, a la cual se puede acceder para la ejecución de las instrucciones. Cuando se modifica tanto el orden como las instrucciones que componen al programa, invariablemente se altera la secuencia de ejecución del sistema de control, aunque esta modificación no implique un cambio en el hardware.

Sensores.- Son aquellos dispositivos que interpretan las variables físicas que se encuentran en el medio ambiente, las convierten a señales eléctricas y por último las comunican hacia el PLC; esta información representa el estado del proceso que está siendo controlando.

Actuadores.- Para tener la capacidad de modificar las variables físicas que son importantes dentro de un proceso, son empleados los elementos de potencia conocidos como actuadores.

Programador.- Es el medio a través del cual se ordenan las instrucciones del software que posteriormente será memorizado en el PLC. En la actualidad por la mediación de una computadora personal se puede realizar este proceso, además de que en la mayoría de los casos también sirve para comprobar los programas del sistema de control.

Los Relevadores Como Elementos de la Automatización Dedicada

El primer sistema de control automático, desarrollado para gobernar un proceso industrializado, fue realizado basándose en elementos existentes hasta ese momento. Esos elementos reciben el nombre de relevadores, que son dispositivos electromagnéticos, siendo éstos los precursores de la tecnología basada en la filosofía de automatización llamada "automatización dedicada o estándar".

Antes de utilizarlos como elementos de control, los relevadores eran empleados únicamente como mecanismos que manejaban altas potencias sobre todo en el campo de las telecomunicaciones; pero desde hace tiempo y aún en la actualidad, los relevadores son empleados tanto en máquinas como equipos en general como elementos de control y regulación.

Los relevadores son componentes electromagnéticos que llevan a cabo conmutaciones en sus partes mecánicas, y además se controlan con poca energía. Los relevadores son utilizados, principalmente, para el procesamiento de señales de mando que intervienen en la lógica de operación de un proceso.

La forma de hacer funcionar un relevador es conectando un voltaje entre los extremos de su bobina, el cual genera una corriente eléctrica que circula a través de dicha bobina, creando con este fluido un campo magnético que a su vez provoca el desplazamiento de una placa metálica hacia el núcleo que tiene adherido la bobina. La placa metálica por su parte, está provista de contactos mecánicos que se pueden abrir o cerrar al moverse la placa; el estado que los contactos pueden adquirir, ya sean abiertos o cerrados, representa el estado lógico que tiene el relevador en ese momento, manteniéndose este estado mientras el voltaje sobre la bobina esté aplicado. Al interrumpir el voltaje de la bobina, la placa metálica vuelve a su posición normal por medio de la acción de un muelle de reposición, tal como se aprecia en la figura 5.

De acuerdo a la complejidad de la función específica que se requiere controlar, depende el número de relevadores que se deben emplear, para de esta forma mantener las condiciones de seguridad que exige la operación de la lógica de control. Otro factor importante para determinar la cantidad de relevadores a utilizar es el número de contactos con que cuentan los relevadores, ya que de manera implícita representan las funciones lógicas que se tienen que adoptar. Las distintas funciones de control materializados mediante la operación de los relevadores se entrelazan entre sí, para que de esta manera se integre la totalidad del sistema lógico del control automático.

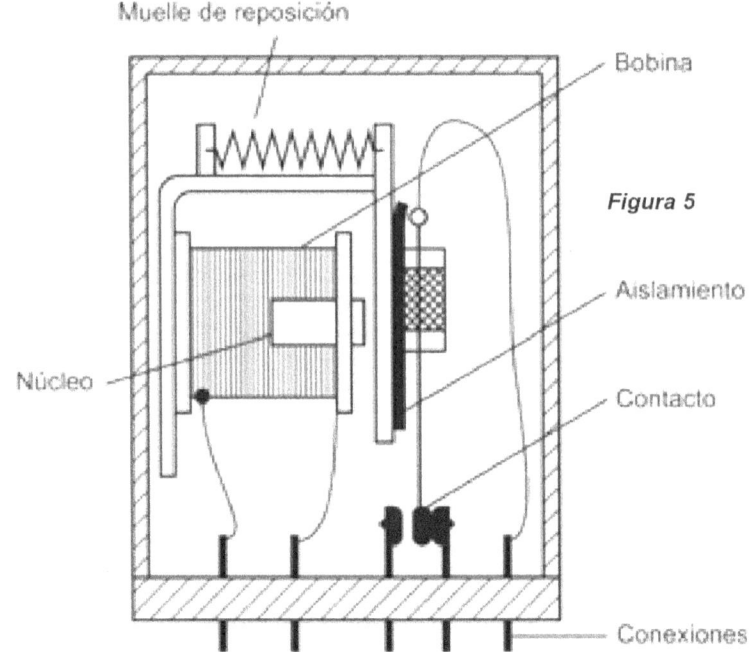

Figura 5

Antecedentes de los PLCs

Todas las funciones lógicas que tienen que cumplir los relevadores se enlazan por medio de cableados, que intercomunican a todos los relevadores involucrados. Los distintos relevadores se alojan dentro de un conjunto de bastidores modulares, y es sobre éstos donde se realiza todo el cableado para interconectar a los relevadores.

Estas conexiones están compuestas por cables de un sólo hilo rematados por zapatas en ambos extremos.

En la figura 6 se observan los bastidores con relevadores.

Para de alguna manera facilitar que los relevadores puedan desenchufarse y cambiarse cuando se requiera, éstos se instalan sobre bases, para de esta forma facilitar su canje.

Aquel sistema de control automático que se base en relevadores, debe encontrarse ordenado y alojado en salas cerradas donde también debe existir toda la documentación correspondiente a la conexión de los contactos, y ubicación de sus bobinas (esto último es una situación ideal que no siempre se cumple).

A pesar de que la era actual es dominada por la electrónica, los relevadores siguen teniendo gran importancia en el mercado por diversas razones, tales como:

• Fácil adaptación a diversos voltajes de trabajo.
• Insensibilidad térmica frente al medio ambiente, ya que los relevadores trabajan fiablemente a temperaturas que van desde -40°C hasta 80°C.
• Resistencia relativamente elevada entre los contactos de trabajo cuando éstos se encuentran desconectados.
• Posibilidad de activar varios circuitos independientes entre sí.

Figura 6

• Presencia de una separación galvánica entre el circuito de mando y el circuito principal.

El PLC Como Parte Modular de la Automatización Flexible

La tecnología que se propone con la utilización de los PLC es muy versátil en lugares donde se requiere automatizar un proceso industrial. Prácticamente esta tecnología puede adaptarse a cualquier ambiente de operación fácilmente y sin mayores problemas; por otra parte, se trata de una tecnología que se encuentra dentro de los llamados sistemas de automatización flexibles, por lo que se tienen una amplia gama de prestaciones adicionales.

De un tiempo relativamente corto a la fecha, se ha popularizado un enfoque fundamentalmente distinto en la concepción de sistemas de control automático industrial. En este nuevo enfoque, la toma de decisiones del sistema se lleva a cabo mediante la concatenación de instrucciones codificadas, las cuales se encuentran almacenadas en un circuito de memoria y ejecutadas por un microprocesador o microcontrolador. La cualidad principal de esta manera de actuar radica en el hecho de que si es necesario que se lleve a cabo alguna modificación en la lógica de control, basta con cambiar las instrucciones del programa, sin que se tenga que realizar modificación alguna en la circuitería del sistema de control. Tales variaciones se realizan de forma muy simple, y muchas veces sin necesidad de parar el proceso productivo, ya que el PLC (dependiendo del fabricante y modelo) tiene la capacidad de realizar varias actividades a la vez, y en muchas ocasiones para efectuar los cambios en el programa se recurre al empleo de un simple teclado.

En la figura 7 vemos un ejemplo de un PLC.

Cuando se usa el enfoque de automatización flexible, a la secuencia completa de instrucciones que confeccionan al programa que controla el desempeño del proceso de producción se le llama "programa de control". Este programa tiene que ser desarrollado por el usuario en función de los requerimientos que son propios del proceso que tiene que ser automatizado, por lo que se tiene que recurrir al empleo de diagramas de flujo para que todos los detalles queden plasmados en el programa de control.

Un PLC es un elemento de control que trabaja de manera muy similar a como lo hacen las computadoras personales (PC), por lo que también cuenta con un sistema operativo que es totalmente transparente al usuario, y por lo general no causa todos los contratiempos como los que son originados en las PC's. Por medio del sistema operativo del PLC se establece la manera de actuar y además se sabe con qué dispositivos periféricos se cuenta para poder realizar las acciones de control de un proceso productivo. Este sistema operativo se encuentra alojado en una unidad de memoria, que es la primera a la que accede el microcontrolador, y cuyo contenido cambia de acuerdo al fabricante y el modelo del PLC en cuestión.

De acuerdo a lo anterior, al sistema de control automático basado en la tecnología del PLC se le considera como un "sistema programable", y además se le reconoce como uno de los principales precursores del enfoque de automatización flexible. A manera de resumen y con lo visto hasta el momento, se puede dar un acercamiento a lo que podemos, de manera filosófica, establecer como una definición de lo que es un PLC:

"Se trata de un sistema de control lógico programable capaz de realizar el procesamiento de señales binarias basándose en un programa establecido por el usuario, y que contiene puertos de entrada, salida y transmisión de datos con la debida interacción para su operación".****

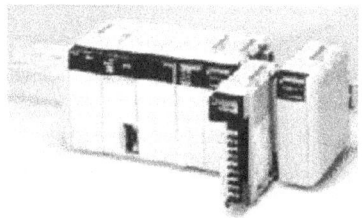

Figura 7

CRITERIOS PARA SELECCIONAR UN PLC

APLICACIONES GENERICAS

Dónde instalar un PLC. Ventajas y desventajas en el empleo de los PLC.

A los PLCs se les puede encontrar en una gran cantidad de sitios realizando las funciones de controlar procesos industriales. Estos procesos llegan a ser tan diferentes, inclusive dentro de un mismo complejo industrial, que se les localiza abarcando desde procedimientos simples como pueden ser el tener bajo niveles óptimos el valor de temperatura de un recinto cerrado, hasta llegar a los más complejos como ejemplo toda la secuencia de pasos para refinar el crudo en una planta petrolera.

En la figura 1 se ven lugares en donde puede instalarse un PLC.

La selección de un PLC como sistema de control depende de las necesidades del proceso productivo que tiene que ser automatizado, considerando como más importantes los aspectos que a continuación se enlistan:

• Espacio reducido.- Cuando el lugar donde se tiene que instalar el sistema de control dentro de la planta es muy pequeño, el PLC es la mejor alternativa, ya que aún con todos sus aditamentos necesarios llegan a ocupar un mínimo de espacio sin que esto vaya en detrimento de la productividad y la seguridad del personal y las instalaciones.

• Procesos de producción periódicamente cambiantes.- Existen industrias, como la automotriz, que año a año se ve en la necesidad de cambiar el modelo del vehículo que sale de sus plantas, razón por la cual se tiene que modificar tanto la secuencia de armado como el reajustar los valores de tolerancia de las partes con las que se arma el vehículo. El arma principal de estos cambios son las modificaciones que sufren las instrucciones del programa que controla la lógica de operación del PLC.

• Procesos secuenciales.- Es bien conocido que cuando una actividad que se repite una gran cantidad de veces durante cierto intervalo de tiempo, se convierte en una actividad monótona para el hombre, produciendo en determinado momento fatiga del tipo emocional, provocando la desconcentración y la inducción involuntaria de errores que pueden ser fatales, tanto para la integridad del hombre como para las instalaciones. Con un PLC se puede evitar lo anterior con tan solo implementar secuencias de control, que aunque se repitan muchas veces durante el día, no se perderá la precisión con la que tienen que hacerse.

• Actuadores distintos en un mismo proceso industrial.- Con un solo PLC se cuenta con la posibilidad de manipular actuadores de diferente naturaleza entre sí, y todavía más, con un mismo PLC se pueden dirigir diferentes líneas de producción en las que cada una tiene asignada a sus propios actuadores; esto último depende de la cantidad de salidas y en general del tamaño en cuanto a su capacidad para alojar el programa de usuario.

• Verificación de las distintas partes del proceso de forma centralizada.- Existe una gran cantidad de industrias en que la planta de producción se encuen-

Aplicaciones Genéricas

tra alejada de la sala de control, o también por ejemplo, como es en las plantas petroleras, se tiene la necesidad de verificar la operación a distancia de todas las refinerías. Con un PLC se tiene, de manera natural, el diseño de redes de comunicación para que se canalice la información a una central desde la cual se pueda observar a distancia como se encuentra operando el sistema de control automático, y se visualice por medio de monitores la representación gráfica tanto de los sensores como de los actuadores.

Ventajas y Desventajas en el Empleo de los PLCs

Para aquellas personas que comienzan a adentrarse en el mundo de los PLC, es oportuno darles la información de lo bueno y lo malo de los PLCs, para que de esta manera se cuente con todos los elementos a la hora de seleccionar el sistema de control más conveniente.

Cabe aclarar que aunque se puede automatizar cualquier proceso con un PLC, no se debe de caer en la tentación de convertirlo en la panacea para solucionar todos los problemas que se nos puedan presentar; por ejemplo, si queremos controlar el llenado del tinaco de agua que tenemos instalado en nuestra casa, el empleo de un PLC para realizar esta actividad sería un desperdicio tecnológico además de representar un costo muy alto para una tarea muy sencilla.

La utilización de un PLC debe ser justificada para efectos de optimizar sobre todo los recursos económicos que en nuestros días son muy importantes y escasos. A continuación se enlistan las ventajas y desventajas que trae consigo el empleo de un PLC.

Ventajas
- Control más preciso.
- Mayor rapidez de respuesta.
- Flexibilidad en el Control de procesos complejos.
- Facilidad de programación.
- Seguridad en el proceso.
- Empleo de poco espacio.
- Fácil instalación.
- Menos consumo de energía.
- Mejor monitoreo del funcionamiento.
- Menor mantenimiento.
- Detección rápida de averías y tiempos muertos.
- Menor tiempo en la elaboración de proyectos.
- Posibilidad de añadir modificaciones sin elevar costos.
- Menor costo de instalación, operación y mantenimiento.
- Posibilidad de gobernar varios actuadores con el mismo autómata.

Desventajas
- Mano de obra especializada.
- Centraliza el proceso.
- Condiciones ambientales apropiadas.
- Mayor costo para controlar tareas muy pequeñas o sencillas.

Criterios Para Seleccionar un PLC

Aunque no se trata de dar una receta de cocina, a continuación se sugieren cuáles son algunos de los aspectos más importantes que deberían tomarse en cuenta para elegir uno de los tantos PLCs que existen en el mercado.

- Precio de acuerdo a su función (barato - caro, inseguro - seguro, desprotegido - protegido, austero - completo).
- Cantidad de entradas / salidas, y si estas son analógicas ó digitales y sus rangos de operación.
- Cantidad de programas que puede manejar.
- Cantidad de programas que puede ejecutar al mismo tiempo (multitarea).
- Cantidad de contadores, temporizadores, banderas y registros.
- Lenguajes de programación.
- Software especializado para cada modelo de PLC y su facilidad de manejo.
- Software para programación desde la PC y necesidad de tarjeta de interfase.
- Capacidad de realizar conexión en red de varios PLCs.
- Respaldo de la compañía fabricante del PLC en nuestra localidad.
- Servicio y refacciones
- Capacitación profesional sobre el sistema de control.
- Literatura en nuestro idioma.

Todos los criterios observados anteriormente se van haciendo obvios conforme avanzamos en cuanto a nuestra experiencia en el manejo de los PLCs, por lo que aquí hago una atenta invitación a que no dé marcha atrás en el aprendizaje de este sistema de control, ya que aparte de ser todo un universo muy interesante, es de fácil comprensión el programar un PLC tal como se observará y comprobará en los capítulos sucesivos.

****

CONOCIENDO A FONDO UN PLC

ARQUITECTURA DE UN PLC Y SUS SEÑALES

Unidad central de proceso. Módulos de entrada y salida de datos. Dispositivo de programación o terminal. Tipos de señales de un PLC.

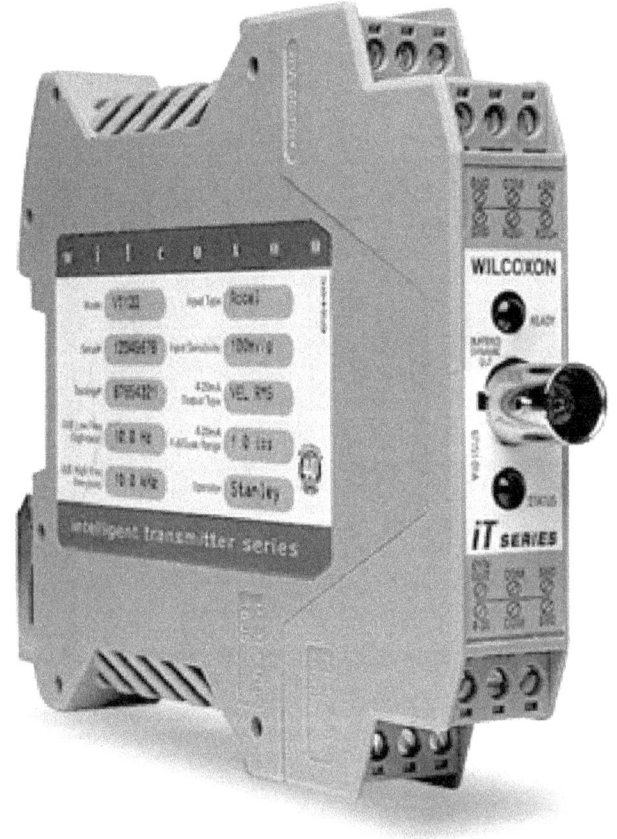

Para describir las partes que integran a un PLC es imperante definir que todo sistema de control automático posee tres etapas que le son inherentes e imprescindibles, éstas son:

Etapa de acondicionamiento de señales.- Está integrada por toda la serie de sensores que convierten una variable física determinada a una señal eléctrica, interpretándose ésta como la información del sistema de control.

Etapa de control.- Es en donde se tiene la información para poder llevar a cabo una secuencia de pasos; dicho de otra manera, es el elemento de gobierno.

Etapa de potencia.- Sirve para efectuar un trabajo que siempre se manifiesta por medio de la transformación de un tipo de energía a otro tipo.

La unión de las tres etapas nos da como resultado el contar con un sistema de control automático completo, pero se debe considerar que se requiere de interfases entre las conexiones de cada etapa para que el flujo de información circule de forma segura entre éstas.

Los sistemas de control pueden concebirse bajo dos opciones de configuración:

Sistema de control de lazo abierto.- Es cuando el sistema de control tiene implementado los algoritmos correspondientes para que, en función de las señales de entrada, se genere una respuesta considerando los márgenes de error que pueden representarse hacia las señales de salida.

Sistema de control de lazo cerrado.- Es cuando se tiene un sistema de control que responde a las señales de entrada, y a una proporción de la señal de salida, para de esta manera corregir el posible error que se pudiera inducir. En este sistema de control la retroalimentación es un parámetro muy importante, ya que la variable física que se está controlando se mantendrá siempre dentro de los rangos establecidos.

Idealmente todos los sistemas de control deberían diseñarse bajo el concepto de lazo cerrado, porque la variable física que se está interviniendo en todo momento se encuentra controlada. Esta actividad se efectúa comparando el valor de salida contra el de entrada, pero en muchas ocasiones, de acuerdo a la naturaleza propia del proceso productivo, es imposible tener un sistema de control de lazo cerrado. Por ejemplo en una lavadora automática, la tarea de limpiar una prenda que en una de sus bolsas se encuentra el grabado del logotipo del diseñador de ropa, sería una mala decisión el implementar un lazo cerrado en el proceso de limpieza, porque la lavadora se encontraría comparando la tela ya lavada (señal de salida) contra la tela sucia (señal de entrada), y mientras el logotipo se encuentre presente la lavadora la consideraría como una mancha que no se quiere caer.

Arquitectura de un PLC y sus Señales

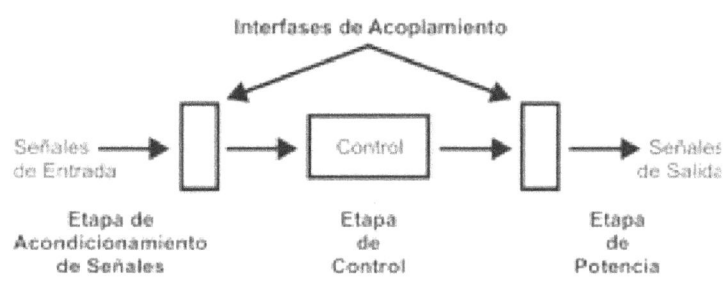

Figura 1 - Sistema de control de lazo abierto.

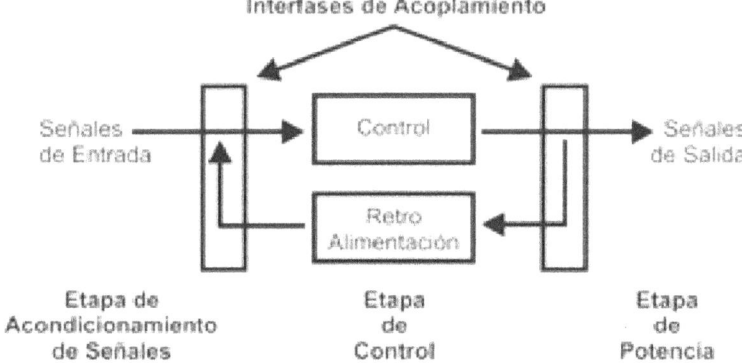

Figura 2 - Sistema de control de lazo cerrado.

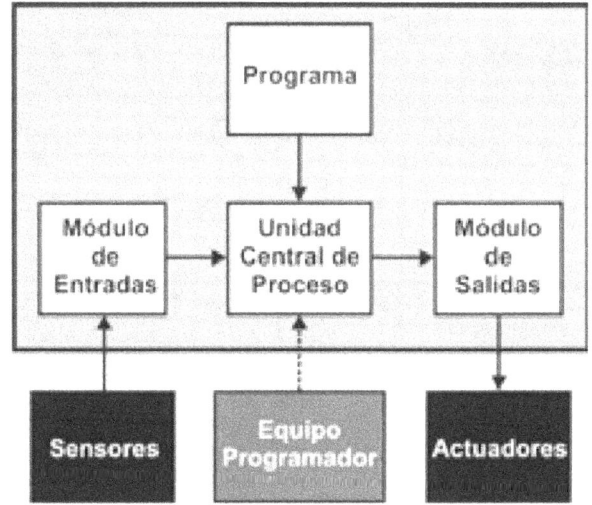

Figura 3 - Partes Integrantes de un PLC.

Figura 4 - Control Lógico Programable (PLC).

• Unidad central de proceso.
• Módulos de entrada y salida de datos.
• Dispositivo de programación o terminal.

Unidad Central de Proceso

Esta parte del PLC es considerada como la más importante, ya que dentro de ella se encuentra un microcontrolador que lee y ejecuta el programa de usuario que a su vez se localiza en una memoria (normalmente del tipo EEPROM), además de realizar la gestión de ordenar y organizar la comunicación entre las distintas partes que conforman al PLC. El programa de usuario consiste en una serie de instrucciones que representan el proceso del control lógico que debe ejecutarse. Para poder hacer este trabajo, la unidad central de proceso debe almacenar en posiciones de memoria temporal las condiciones de las variables de entrada y variables de salida de datos más recientes.

La unidad central de proceso en esencia tiene la capacidad para realizar las mismas tareas que una computadora personal, porque, como ya se mencionó líneas atrás, en su interior se encuentra instalado un microcontrolador que es el encargado de gobernar todo el proceso de control.

Cuando se energiza un PLC, el microcontrolador apunta hacia el bloque de memoria tipo ROM donde se encuentra la información que le indica la manera de cómo debe predisponerse para comenzar sus operaciones de control (BIOS del PLC). Es en la ejecución de este pequeño programa (desarrollado por el fabricante del PLC) que se efectúa un proceso de diagnóstico a través del cual se sabe con qué elementos periféricos se cuentan (módulos de entrada / salida, por ejemplo). Una

Revisando las partes que constituyen a un sistema de control de lazo abierto o lazo cerrado, prácticamente se tiene una similitud con respecto a las partes que integran a un PLC, por lo que cualquiera de los dos métodos de control pueden ser implementados por medio de un PLC.

Para comenzar a utilizar los términos que le son propios a un PLC, se observará que los elementos que conforman a los sistemas de control de lazo abierto y/o lazo cerrado se encuentran englobados en las partes que conforman a un Control Lógico Programable y que son las siguientes:

CONTROL LOGICO PROGRAMABLE

vez concluida esta fase, el PLC "sabe" si tiene un programa de usuario alojado en el bloque de memoria correspondiente; si es así, por medio de un indicador avisa que está en espera de la orden para comenzar a ejecutarlo; de otra manera, también notifica que el bloque de memoria de usuario se encuentra vacío.

Una vez que el programa de usuario ha sido cargado en el bloque de memoria correspondiente del PLC, y se le ha indicado que comience a ejecutarlo, el microcontrolador se ubicará en la primera posición de memoria del programa de usuario y procederá a leer, interpretar y ejecutar la primera instrucción.

Dependiendo de qué instrucción se trate será la acción que realice el microcontrolador, aunque de manera general las acciones que realiza son las siguientes: leer los datos de entrada que se generan en los sensores, guardar esta información en un bloque de memoria temporal, realizar alguna operación con los datos temporales, enviar la información resultante de las operaciones a otro bloque de memoria temporal, y por último la información procesada enviarla a las terminales de salida para manipular algún(os) actuador(es).

En cuanto a los datos que entran y salen de la unidad central de proceso, se organizan en grupos de 8 valores, que corresponden a cada sensor que esté presente si se trata de datos de entrada, o actuadores si de datos de salida se refiere. Se escogen agrupamientos de 8 valores porque ése es el número de bits que tienen los puertos de entrada y salida de datos del microcontrolador. A cada agrupamiento se le conoce con el nombre de byte ó palabra. En cada ciclo de lectura de datos que se generan en los sensores, ó escritura de datos hacia los actuadores, se gobiernan 8 diferentes sensores ó actuadores, por lo que cada elemento de entrada / salida tiene su imagen en un bit del byte que se hace llegar al microcontrolador.

En el proceso de lectura de datos provenientes de los sensores, se reservan posiciones de memoria temporal que corresponden con el bit y la palabra que a su vez es un conjunto de 8 bits (byte). Esto es para tener identificado en todo momento el estado en que se encuentra el sensor 5, por ejemplo.

Con los espacios de memoria temporal reservados para los datos de entrada, se generan paquetes de información que corresponden al reflejo de lo que están midiendo los sensores. Estos paquetes de datos cuando el microcontrolador da la indicación, son almacenados en la posición de memoria que les corresponde, siendo esa información la que representa las últimas condiciones de las señales de entrada. Sí durante la ejecución del programa de control el microcontrolador requiere conocer las condiciones de entrada más recientes, de forma inmediata accede a la posición de memoria que corresponde al estado de determinado sensor.

El producto de la ejecución del programa de usuario depende de las condiciones de las señales de entrada; dicho de otra manera, el resultado de la ejecución de una instrucción puede tener una determinada respuesta si una entrada en parti-

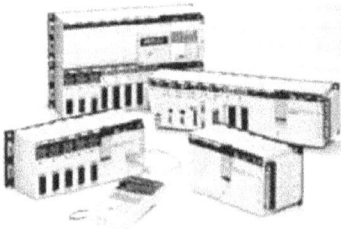

Figura 5 - Distintos modelos de PLC.

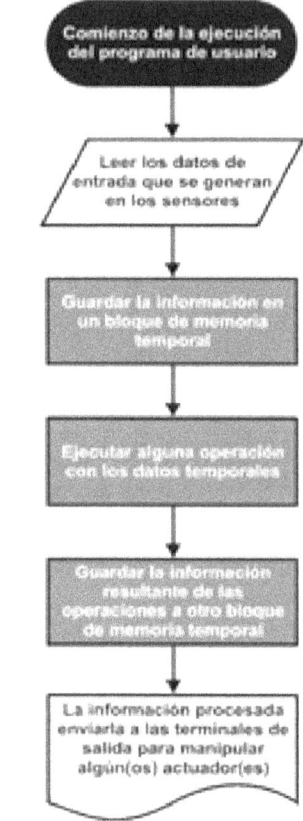

Figura 6 - Diagrama de flujo de las actividades de un PLC.

Palabra de datos de entrada

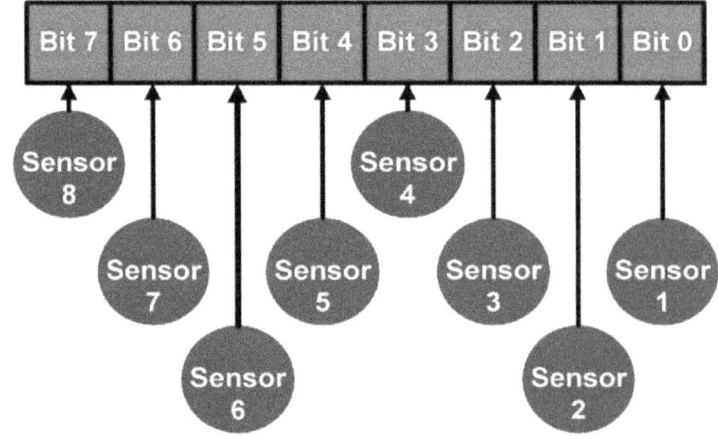

Figura 7 - Palabra de datos de entrada.

Arquitectura de un PLC y sus Señales

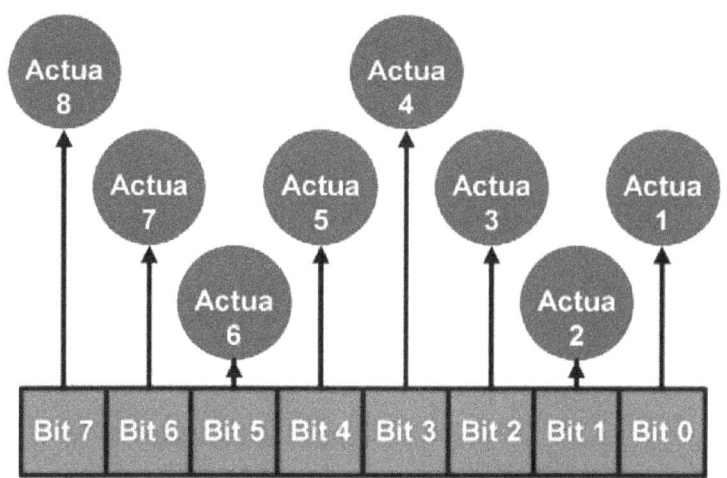

Figura 8 - Palabra de datos de salida.

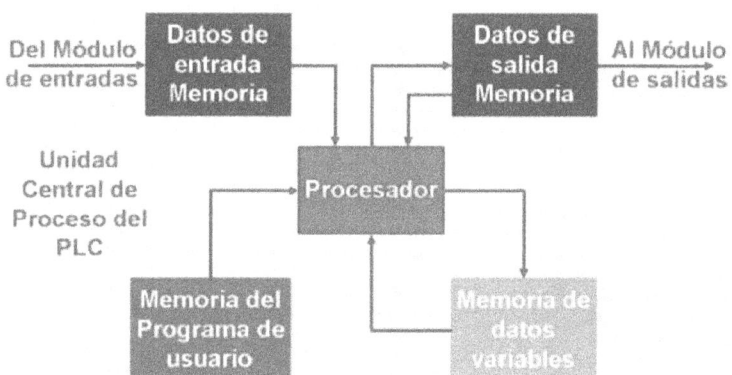

Figura 9 - Flujo de datos de entrada y salida en el microcontrolador.

En cuanto a los datos que manipulan a los actuadores (también llamados datos de salida), éstos se encuentran alojados en las posiciones de memoria temporal que de manera exprofesa se reservan para tal información. Cuando en el proceso de ejecución de un programa de usuario se genera una respuesta y ésta a su vez debe modificar la operación de un actuador, el dato se guarda en la posición de memoria temporal correspondiente, tomando en cuenta que este dato representa un bit de información y que cada posición de memoria tiene espacio para 8 bits.

Una vez que los datos de salida han sido alojados en las posiciones de memoria correspondientes, en un ciclo posterior el microcontrolador puede comunicarlos hacia el exterior del PLC, ya que cada bit que conforma un byte de datos de salida tiene una correspondencia en cuanto a las conexiones físicas que tiene el PLC hacia los elementos de potencia o actuadores, o dicho de otra forma, al igual que en las terminales de los datos de entrada, cada una de las terminales que contienen la información de salida también tienen asociado un elemento de potencia conectado en su terminal correspondiente.

A medida que el microcontrolador de la unidad central de proceso del PLC ejecuta las instrucciones del programa de usuario, el bloque de memoria temporal asignado a la salida de datos, se está actualizando continuamente ya que las condiciones de salida muchas veces afectan el resultado que pueda traer consigo la ejecución de las instrucciones posteriores del programa de usuario.

De acuerdo a la manera de cómo se manejan los datos de salida, se puede observar que esta información cumple con una doble actividad, siendo la primordial la de canalizar los resultados derivados de la ejecución de las instrucciones por parte del microcontrolador hacia los bloques de memoria correspondientes, y pasar también los datos de salida a las terminales donde se encuentran conectados los actuadores. Otra función que se persigue es la de retroalimentar la información de salida hacia el microcontrolador de la unidad central de proceso del PLC cuando al-

cular manifiesta un uno lógico, y otro resultado diferente si esa entrada está en cero lógico. La respuesta que trae consigo la ejecución de una instrucción se guarda en una sección de la memoria temporal para que estos datos posteriormente sean recuperados, ya sea para exhibirlos o sean utilizados para otra parte del proceso.

La información que se genera en los sensores se hace llegar al microcontrolador del PLC a través de unos elementos que sirven para aislar la etapa del medio ambiente (donde se encuentran los sensores) de la etapa de control, que es comprendida por la unidad central de proceso del PLC y que en su interior se encuentra el microcontrolador. Los elementos de aislamiento reciben el nombre de módulos de entradas, los cuales se encuentran identificados y referenciados hacia los bloques de memoria temporal donde se alojan los datos de los sensores.

Figura 10 - Ejemplo de base donde se insertan los módulos de entrada o salida y la CPU.

CONTROL LOGICO PROGRAMABLE

guna instrucción del programa de usuario lo requiera.

En cuanto a los datos de entrada, no tienen la doble función que poseen los datos de salida, ya que su misión estriba únicamente en adquirir información del medio ambiente a través de las terminales de entrada y hacerla llegar hacia el microcontrolador de la unidad central de proceso.

Los datos de salida, al igual que los de entrada, son guiados hacia los respectivos actuadores a través de elementos electrónicos que tienen la función de aislar y proteger al microcontrolador de la unidad central de proceso respecto de la etapa de potencia. Estos elementos reciben el nombre de módulos de salida.

Tanto los módulos de entrada como de salida tienen conexión directa hacia las terminales de los puertos de entrada y salida del microcontrolador del PLC. Esta conexión se realiza a través de una base que en su interior cuenta con un bus de enlace, el cual tiene asociado una serie de conectores que son los medios físicos en donde se insertan los módulos (ya sean de entrada o salida). El número total de módulos de entrada o salida que pueden agregarse al PLC depende de la cantidad de direcciones que el microcontrolador de la unidad central de proceso es capaz de alcanzar.

De acuerdo con lo escrito en el párrafo anterior, cada dato (ya sea de entrada o salida), representado por un bit y a su vez agrupado en bloques de 8 bits (palabra o byte), debe estar registrado e identificado para que el microcontrolador "sepa" si está siendo ocupado por un sensor o un actuador, ya que determinado bit de específico byte y por ende de determinada ubicación de memoria temporal tiene su correspondencia hacia las terminales físicas de los módulos. Esto último quiere decir que en los conectores de la base se pueden conectar de manera indistinta tanto los módulos de entrada como los módulos de salida, por lo que el flujo de información puede ser hacia el microcontrolador de la unidad central de proceso o, en dirección contraria.

Con respecto a la memoria donde se aloja el programa de usuario, es del tipo EEPROM, en la cual no se borra la información a menos que el usuario lo haga. La forma en cómo se guarda la información del programa de usuario en esta memoria es absolutamente igual que como se almacena en cualquier otro sistema digital, sólo son "ceros y unos" lógicos.

A medida que el usuario va ingresando las instrucciones del programa de control, automáticamente éstas se van almacenando en posiciones de memoria secuenciales; este proceso de almacenamiento secuencial de las instrucciones del programa es autocontrolado por el propio PLC, sin intervención y mucho menos arbitrio del usuario. La cantidad total de instrucciones en el programa de usuario puede variar de tamaño, todo depende del proceso a controlar. Por ejemplo, para controlar una máquina sencilla basta con una pequeña cantidad de instrucciones, pero para el control de un proceso o máquina complicada, se requieren hasta varios miles de instrucciones.

Una vez terminada la tarea de la programación del PLC, esto es terminar de insertar el programa de control a la memoria de usuario, el operario del PLC manualmente se debe dar a la tarea de conmutar el PLC del modo de "programación" al modo de "ejecución", lo que hace que la unidad central de proceso ejecute el programa de principio a fin repetidamente.

El lenguaje de programación del PLC cambia de acuerdo al fabricante del producto, y aunque se utilizan los mismos símbolos en distintos lenguajes de programa-

Figura 11 - Ejemplo de base donde se insertan los módulos de entrada o salida y la CPU.

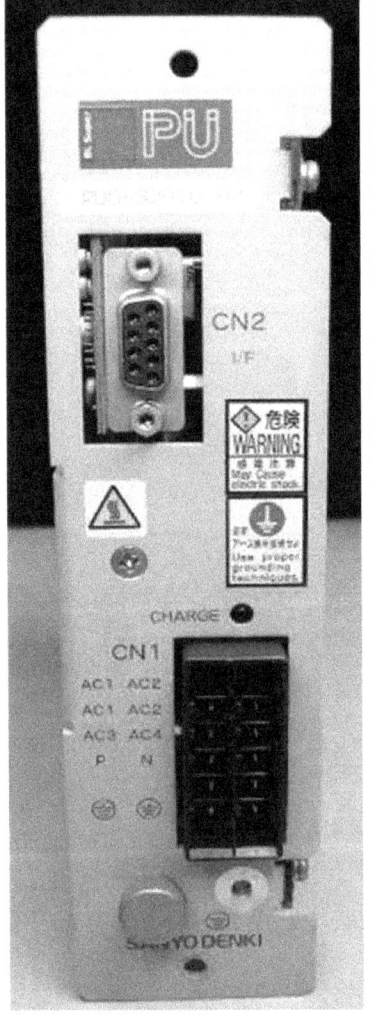

Figura 12 - Ejemplo de CPU.

Figura 13 - Otro ejemplo de CPU.

Arquitectura de un PLC y sus Señales

Figura 14 - Módulo de alimentación.

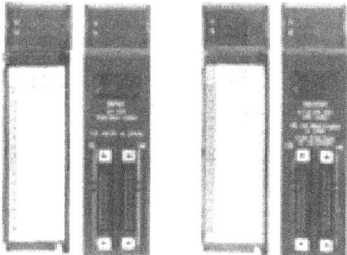

Figura 15 - Ejemplos de Módulos de entrada y salida de datos.

ción, la forma en cómo se crean y almacenan cambia de fabricante a fabricante. Por lo tanto, la manera de cómo se interpretan las instrucciones de un PLC a otro es diferente, todo depende de la marca.

En otro orden de ideas, a la unidad central de proceso de un PLC una vez que le fue cargado un programa de usuario, su operación de controlar un proceso de producción no debe detenerse a menos que un usuario autorizado así lo haga. Para que el PLC funcione de forma ininterrumpida se debe contemplar el uso de energía de respaldo ya que ésta, bajo ninguna circunstancia, tiene que faltarle a la unidad central de proceso.

La energía que alimenta al PLC se obtiene de un módulo de alimentación cuya misión es suministrar el voltaje que requiere tanto la unidad central de proceso como todos los módulos que posea el PLC. Normalmente el módulo de alimentación se conecta a los suministros de voltajes de corriente alterna (VCA). El módulo de alimentación prácticamente es una fuente de alimentación regulada de voltaje de corriente directa, que tiene protecciones contra interferencias electromagnéticas, variaciones en el voltaje de corriente alterna, pero el aspecto más importante es que cuenta con baterías de respaldo para el caso de que falle el suministro de energía principal y entren en acción las baterías, provocando de esta manera el trabajo continuo del PLC, a la vez que puede activarse una alarma para dar aviso en el momento justo que el suministro de energía principal ha dejado de operar.

Por último cabe aclarar que las baterías de respaldo, descritas algunas líneas atrás, únicamente soportan la operación del PLC, no así los elementos actuadores o de potencia.

Modulos de Entrada y Salida de Datos

Estos módulos se encargan del trabajo de intercomunicación entre los dispositivos industriales exteriores al PLC y todos los circuitos electrónicos de baja potencia que comprenden a la unidad central de proceso del PLC, que es donde se almacena y ejecuta el programa de control.

Los módulos de entrada y salida tienen la misión de proteger y aislar la etapa de control, que está conformada principalmente por el microcontrolador del PLC, de todos los elementos que se encuentran fuera de la unidad central de proceso, ya sean sensores o actuadores. Los módulos de entrada y salida hacen las veces de dispositivos de interfase, que entre sus tareas principales están las de adecuar los niveles eléctricos tanto de los sensores como de los actuadores o elementos de potencia, a los valores de voltaje que emplea el microcontrolador, que normalmente se basa en niveles de la lógica TTL, 0 (VCD) equivale a un "0 lógico", mientras que 5 (VCD) equivale a un "1 lógico".

Físicamente los módulos de entrada y salida de datos, están construidos en tarjetas de circuitos impresos que contienen los dispositivos electrónicos capaces de aislar al PLC con el entorno exterior, además de contar con indicadores luminosos que informan de manera visual el estado que guardan las entradas y salidas.

Para que los módulos de entrada o salida lleven a cabo la tarea de aislar eléctricamente al microcontrolador, se requiere que éste no tenga contacto físico con los bornes de conexión de los sensores o actuadores y con las líneas de conexión que se hacen llegar a los puertos de entrada o salida del microcontrolador.

La función de aislamiento radica básicamente en la utilización de un elemento opto electrónico también conocido como opto acoplador, a través del cual se evita el contacto físico de las líneas de conexión que están presentes en la circuitería. El dispositivo opto-electrónico está constituido de la siguiente manera: internamente dentro de un encapsulado se encuentra un diodo emisor de luz (led) que genera un haz de luz infrarroja, y como complemento también junto al led infrarrojo se encuentra un fototransistor. Cuando el led infrarrojo es polarizado de forma directa entre sus terminales, éste emite un haz de luz infrarroja que se hace llegar a la terminal base del fototransistor, el cual, una vez que es excitado el terminal de la base, hace que el fototransistor entre en estado de conducción, generándose una corriente eléctrica entre sus terminales emisor y colector, manifestando una operación similar a un interruptor cerrado. Por otra parte, si el led infrarrojo se polariza de manera inversa, el haz de luz infrarroja se extingue, provocando a la vez que si en el terminal de base del fototransistor no recibe este haz de luz, no se genera corriente eléctri-

Figura 16 - Otros ejemplos de Módulos de entrada y salida de datos.

Arquitectura de un PLC y sus Señales

La forma en cómo se conoce popularmente a los módulos de entrada y salida es por medio de la siguiente denominación "Módulos de E/S". Para seleccionar el módulo de E/S adecuado a las necesidades del proceso industrial, se tiene que dimensionar y cuantificar perfectamente el lugar donde se instalará un PLC. El resultado del análisis reportará el número de sensores y actuadores que son imprescindibles para que el PLC opere de acuerdo a lo planeado; por lo tanto, ya se sabrá la cantidad de entradas y salidas que se requieren, y si por ejemplo se cuenta con 12 sensores y 10 actuadores, entonces se tiene que seleccionar un PLC que soporte por lo menos 22 E/S; posteriormente se examinará de qué tipo serán los módulos de entrada y los módulos de salida y el número de terminales que deberán poseer.

Se recordará que en una base donde se colocan los módulos de E/S, se pueden colocar indistintamente módulos de entrada o módulos de salida, por lo que para saber el tamaño del PLC en cuanto a los módulos que soporta, se tiene que realizar la suma total de los sensores y actuadores (cada uno representa una entrada o una salida), el resultado de la sumatoria representa el número de E/S que se necesita como mínimo en el tamaño de un PLC.

Por otra parte, cuando se dice que un PLC tiene capacidad para manejar 16 E/S, a éste pueden colocársele módulos con 16 entradas, o en su defecto módulos con 16 salidas. Aquí es donde puede existir una confusión ya que en una determinada presunción podríamos aseverar que si el PLC soporta 16 entradas y además 16 salidas, entonces en general el PLC tiene la capacidad de controlar 32 E/S.

Para evitar la confusión se debe tomar como regla que cuando se da la especificación de que un PLC sirve para manipular 16 E/S, esto quiere decir que en la combinación total de entradas y salidas que se le pueden agregar al PLC son 16 en total, no importando si son todas salidas, ó si todas son entradas, ó 9 entradas y 7 salidas ó 3 entradas y 13 salidas, etc.

Dispositivo de Programación o Terminal

Se trata de un elemento que aparentemente es complementario pero se emplea con mucha frecuencia en la operación de un PLC, ya que es un dispositivo por medio del cual se van ingresando las instrucciones que componen al programa de usuario que realiza las acciones de control industrial. Algunos PLC están equipados con un dispositivo de programación que físicamente tiene el aspecto de una calculadora, y en su teclado se encuentran todos los símbolos que se emplean para la elaboración de un programa de control; además, cuenta también con una pantalla de cristal líquido en el que se exhibe gráficamente la representación de la tecla que fue oprimida.

Normalmente el dispositivo programador se encuentra dedicado exclusivamente a la tarea de generar los comandos e introducirlos al PLC (acto de programar); este elemento, por obvias razones, es construido por la misma compañía que fabrica el PLC, por lo cual tiene que ser el adecuado y poseer toda la capacidad de comunicar al usuario con el PLC.

El dispositivo programador requiere de un cable por medio del cual se envían las instrucciones del programa a la memoria de usuario del PLC; el cable que casi todos los fabricantes de PLC emplean conduce los datos en una comunicación serial.

De acuerdo con la evolución que día a día se va obteniendo en el ramo de la electrónica, se generó otra manera de programar un PLC de forma más versátil, y es por medio del empleo de una computadora de escritorio o portátil, la cual necesariamente debe contar en una de sus ranuras de expansión con una tarjeta de interfaz de comunicación. A través de un cable de comunicación serial se interconecta la tarjeta de interfaz con el microcontrolador del PLC, y por medio de un software especial, que a la vez resulta amigable al usuario, se va escribiendo el programa de control para su posterior interpretación y envío al PLC.

El empleo de una computadora personal cada vez cobra más auge ya que es muy fácil realizar la programación de un PLC, y en la actualidad no sólo se genera el programa sino que también se puede simular antes de que se descargue el programa en la memoria del PLC, fomentando con esto una mayor productividad y un mejor desempeño al prácticamente eliminar los posibles errores tanto de sintaxis como el error lógico.

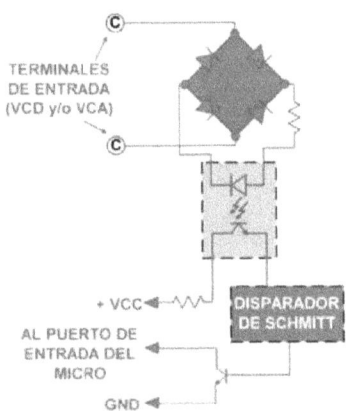

Figura 21 - Fragmento de un módulo de entrada de CD y/o CA.

Figura 22 - Dispositivo de Programación de un PLC.

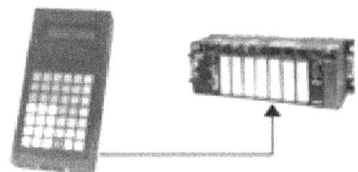

Figura 23 - Programación de un PLC.

CONTROL LOGICO PROGRAMABLE

ca entre sus terminales de emisor y colector, manifestando un funcionamiento semejante a un interruptor abierto.

Ya que el haz de luz infrarroja es el único contacto que se tiene entre una etapa de potencia o lectura de sensores con la etapa de control, se tiene un medio de aislamiento perfecto que además es muy seguro y no se pierden los mandos que activan los actuadores o las señales que generaron los sensores.

La dirección en el flujo de datos de los módulos depende de si éstos son de entrada ó de salida. Lo que es común entre los módulos de entrada y salida son los bornes donde se conectan físicamente los sensores o los actuadores. El número de bornes que puede tener un módulo depende del modelo de PLC, ya que existen comercialmente módulos de 8, 16 ó 32 terminales. En los bornes de conexión de estos módulos de entrada o salida están conectadas las señales que generan los sensores o las que manipularán los actuadores, cuya misión es de vigilar y manipular el proceso que está automatizado con el PLC.

Existen distintos módulos de entrada y salida de datos: la diferencia principal depende de los distintos tipos de señales que éstos manejan; esto quiere decir que se cuenta con módulos que manejan señales discretas o digitales, y módulos que manejan señales analógicas.

A los módulos de entrada de datos se hacen llegar las señales que generan los sensores. Tomando en cuenta la variedad de sensores que pueden emplearse en un proceso de control industrial, existen dos tipos de módulos de entrada, los cuales se describen a continuación.

Módulos de entrada de datos discretos.- Estos responden tan sólo a dos valores diferentes de una señal que puede generar el sensor. Las señales pueden ser las siguientes:

a) El sensor manifiesta cierta cantidad de energía diferente de cero si detecta algo.

b) Energía nula si no presenta detección de algo.

Un ejemplo de sensor que se emplea en este tipo de módulo es el que se utiliza para detectar el final de carrera del vástago de un pistón. Para este tipo de módulos de entradas discretas, en uno de sus bornes se tiene que conectar de manera común uno de los terminales de los sensores. Para ello tenemos que ubicar cuál es la terminal común de los módulos de entrada.

Módulos de entrada de datos analógicos.- Otro tipo de módulo de entrada es el que en su circuitería contiene un convertidor analógico - digital (ADC), para que en función del sensor que tenga conectado, vaya interpretando las distintas magnitudes de la variable física que sé esta midiendo y las digitalice para que posteriormente estos datos sean transportados al microcontrolador del PLC. Un ejemplo de sensor que se emplea con este tipo de módulo es el que mide temperatura. A través de los módulos de salida de datos se hacen llegar las señales que controlan a los actuadores. Aquí también se debe tomar en cuenta los distintos tipos de actuadores que pueden ser empleados en un proceso de control industrial. Existen dos tipos de módulos de salida, los cuales se describen a continuación.

Módulos de salida de datos discretos.- Estos transportan tan solo dos magnitudes diferentes de energía para manipular al actuador que le corresponde. Las magnitudes pueden ser las siguientes:

a) Energía diferente de cero para activar al actuador.

b) Energía nula para desactivar al actuador.

Módulos de salida de datos analógicos.- Esta clasificación de módulo sirve para controlar la posición o magnitud de una variable física, por lo que estos módulos requieren de la operación de un convertidor digital - analógico (DAC).

Para las distintas clases de módulos, ya sean de entrada o salida, se deben tomar en cuenta los valores nominales de voltaje, corriente y potencia que soportan, ya que dependiendo de la aplicación y de la naturaleza del proceso que se tiene que automatizar, existen módulos de corriente directa y módulos de corriente alterna. Para encontrar el módulo adecuado, se tiene que realizar una búsqueda en los manuales y observar las características que reportan los distintos fabricantes existentes en el mercado.

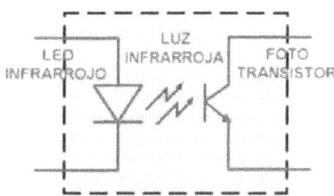

Figura 17 - Opto-acoplador por fototransistor.

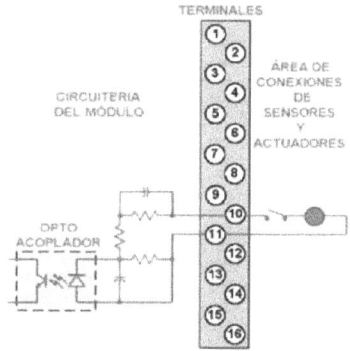

Figura 18 - Circuitería y bornes de conexión de los módulos.

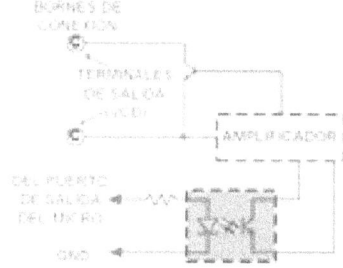

Figura 19 - Fragmento de un módulo de salida de CD.

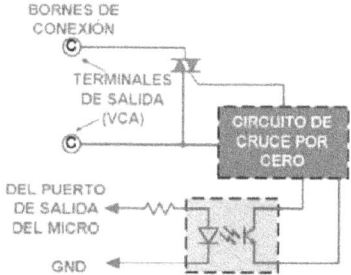

Figura 20 - Fragmento de un módulo de salida de CA.

Arquitectura de un PLC y sus Señales

La forma en cómo se conoce popularmente a los módulos de entrada y salida es por medio de la siguiente denominación "Módulos de E/S". Para seleccionar el módulo de E/S adecuado a las necesidades del proceso industrial, se tiene que dimensionar y cuantificar perfectamente el lugar donde se instalará un PLC. El resultado del análisis reportará el número de sensores y actuadores que son imprescindibles para que el PLC opere de acuerdo a lo planeado; por lo tanto, ya se sabrá la cantidad de entradas y salidas que se requieren, y si por ejemplo se cuenta con 12 sensores y 10 actuadores, entonces se tiene que seleccionar un PLC que soporte por lo menos 22 E/S; posteriormente se examinará de qué tipo serán los módulos de entrada y los módulos de salida y el número de terminales que deberán poseer.

Se recordará que en una base donde se colocan los módulos de E/S, se pueden colocar indistintamente módulos de entrada o módulos de salida, por lo que para saber el tamaño del PLC en cuanto a los módulos que soporta, se tiene que realizar la suma total de los sensores y actuadores (cada uno representa una entrada o una salida), el resultado de la sumatoria representa el número de E/S que se necesita como mínimo en el tamaño de un PLC.

Por otra parte, cuando se dice que un PLC tiene capacidad para manejar 16 E/S, a éste pueden colocársele módulos con 16 entradas, o en su defecto módulos con 16 salidas. Aquí es donde puede existir una confusión ya que en una determinada presunción podríamos aseverar que si el PLC soporta 16 entradas y además 16 salidas, entonces en general el PLC tiene la capacidad de controlar 32 E/S.

Para evitar la confusión se debe tomar como regla que cuando se da la especificación de que un PLC sirve para manipular 16 E/S, esto quiere decir que en la combinación total de entradas y salidas que se le pueden agregar al PLC son 16 en total, no importando si son todas salidas, ó si todas son entradas, ó 9 entradas y 7 salidas ó 3 entradas y 13 salidas, etc.

Dispositivo de Programación o Terminal

Se trata de un elemento que aparentemente es complementario pero se emplea con mucha frecuencia en la operación de un PLC, ya que es un dispositivo por medio del cual se van ingresando las instrucciones que componen al programa de usuario que realiza las acciones de control industrial. Algunos PLC están equipados con un dispositivo de programación que físicamente tiene el aspecto de una calculadora, y en su teclado se encuentran todos los símbolos que se emplean para la elaboración de un programa de control; además, cuenta también con una pantalla de cristal líquido en el que se exhibe gráficamente la representación de la tecla que fue oprimida.

Normalmente el dispositivo programador se encuentra dedicado exclusivamente a la tarea de generar los comandos e introducirlos al PLC (acto de programar); este elemento, por obvias razones, es construído por la misma compañía que fabrica el PLC, por lo cual tiene que ser el adecuado y poseer toda la capacidad de comunicar al usuario con el PLC.

El dispositivo programador requiere de un cable por medio del cual se envían las instrucciones del programa a la memoria de usuario del PLC; el cable que casi todos los fabricantes de PLC emplean conduce los datos en una comunicación serial.

De acuerdo con la evolución que día a día se va obteniendo en el ramo de la electrónica, se generó otra manera de programar un PLC de forma más versátil, y es por medio del empleo de una computadora de escritorio o portátil, la cual necesariamente debe contar en una de sus ranuras de expansión con una tarjeta de interfaz de comunicación. A través de un cable de comunicación serial se interconecta la tarjeta de interfaz con el microcontrolador del PLC, y por medio de un software especial, que a la vez resulta amigable al usuario, se va escribiendo el programa de control para su posterior interpretación y envío al PLC.

El empleo de una computadora personal cada vez cobra más auge ya que es muy fácil realizar la programación de un PLC, y en la actualidad no sólo se genera el programa sino que también se puede simular antes de que se descargue el programa en la memoria del PLC, fomentando con esto una mayor productividad y un mejor desempeño al prácticamente eliminar los posibles errores tanto de sintaxis como el error lógico.

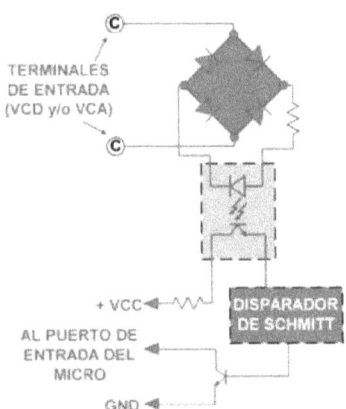

Figura 21 - Fragmento de un módulo de entrada de CD y/o CA.

Figura 22 - Dispositivo de Programación de un PLC.

Figura 23 - Programación de un PLC.

CONTROL LOGICO PROGRAMABLE

Tipos de Señales de un PLC

Para que un PLC realice todas las acciones de control de un proceso industrial, es necesario que trabaje con diferentes tipos de señales eléctricas, que salvo la de alimentación de energía, todas las demás señales transportan alguna información que es requerida por el proceso de control industrial. Antes de trabajar con señales eléctricas, primero debemos saber qué son, por lo que a continuación se expresa cómo queda definida lo que es una señal eléctrica:

"Es la representación en magnitudes de valores eléctricos de alguna información producida por un medio físico".

El voltaje de corriente alterna que suministra la alimentación principal al módulo de alimentación del PLC no se encuentra dentro del grupo de señales que transportan información, ya que su cometido principal es el de energizar todos los equipos. Una vez que el suministro de corriente alterna llega al módulo de alimentación del PLC, esta energía es convertida a un voltaje de corriente directa con los valores necesarios para energizar al microcontrolador y sus dispositivos auxiliares (5 (VCD) lógica TTL).

Las señales que generan los sensores y que posteriormente llegan al microcontrolador del PLC por medio de los módulos de entrada contienen la información de cómo se encuentran los parámetros físicos del proceso de producción, mientras que la señal que se hace llegar a los actuadores por la mediación de los módulos de salida, alberga la información de activación del elemento de potencia que modificará el valor de la variable física que también está presente en el proceso industrial.

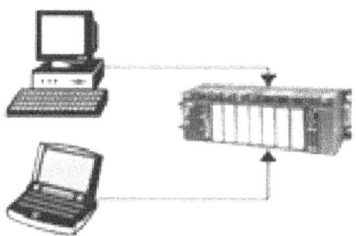

Figura 24 - Programación de un PLC empleando una PC.

En general todas las señales consideradas de control transportan información, que es esencial para que el proceso de producción no se detenga y mantenga bajo niveles adecuados todos los parámetros físicos que se encuentran involucrados en la industria.

Las señales eléctricas pueden ser de diversas formas y están clasificadas de muchas maneras, todo depende de la aplicación en donde tendrán injerencia. A grandes rasgos existen sólo dos tipos de señales, las llamadas "analógicas ó continuas" y las llamadas "discretas ó discontinuas".

Una gran cantidad de sensores de variables físicas ofrece como resultado una señal de naturaleza analógica, como pueden ser los de temperatura, humedad, intensidad luminosa, presión, etc.

Las señales analógicas son empleadas para representar un evento que se desarrolla de forma continua (de ahí su nombre), o para generar una referencia en cuanto a la ubicación de un punto en un lugar físico. Las características principales de las señales analógicas son:

Alta potencia de transmisión.
Transmisión a grandes distancias.

El elemento que proporciona el control de proceso de producción en un PLC es el microcontrolador. Este trabaja con señales discretas, ya que se puede establecer un lenguaje con el cual fácilmente se establecen los comandos para que todo el sistema automatizado responda de manera confiable.

Las señales discretas son utilizadas para establecer una secuencia finita de instrucciones, las cuales se basan en sólo dos valores 0 (cero) y 1 (uno); por eso, reciben el nombre de discretas ya que contienen poca información. Las características de estas señales son:

Se pueden almacenar.

Se pueden reproducir con toda fidelidad. *******************

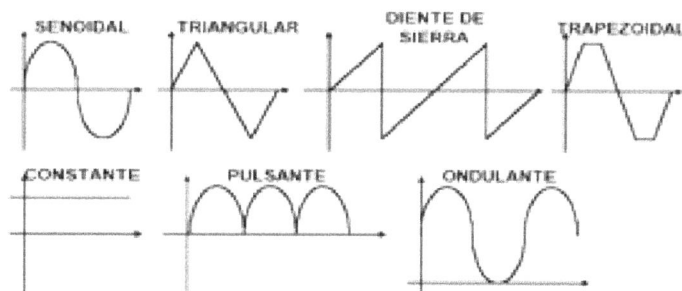

Figura 25 - Distintos tipos de señales analógicas.

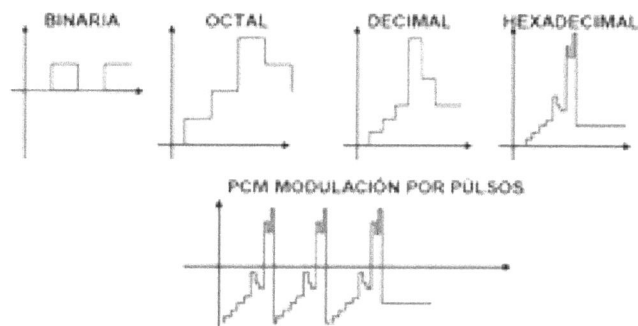

Figura 26 - Distintos tipos de señales discretas.

SENSORES Y ACTUADORES

SENSORES Y ACTUADORES TIPICOS QUE SE EMPLEAN CON LOS PLCs

Sensores discretos. Sensores analógicos. Actuadores.

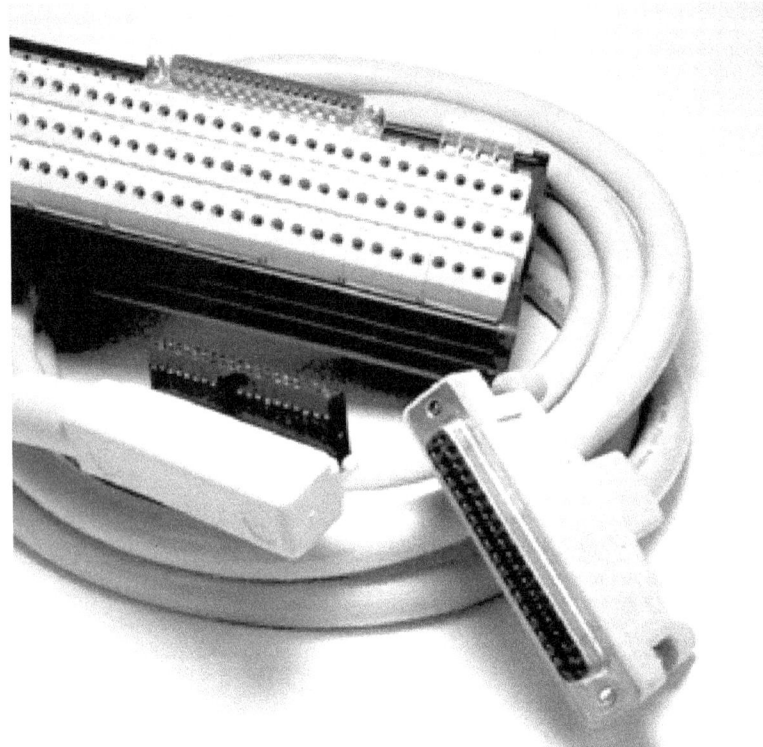

Para poder automatizar cualquier proceso industrial, es necesario contar con una amplia gama de sensores que haciendo una analógica con el cuerpo de cualquier ser viviente, representarían sus sentidos, o dicho de otra manera, los sensores son los elementos que recogen la información del mundo exterior, y la hacen llegar al sistema del control automático.

Cuando se llega a la etapa de la selección de los sensores es porque ya se ha realizado el correspondiente análisis de la línea o proceso que se tiene que automatizar; por lo tanto, la fase de análisis tuvo que haber incluído la elaboración de los correspondientes esquemas ó diagramas ó planos de situación como el mostrado en la figura 1. Estos planos de situación son los elementos en los cuales se visualiza dónde deben instalarse, así como el tipo de sensor que de acuerdo con la variable física que va a medir, debe seleccionarse.

La variable física que tiene que medirse es el aspecto más importante a tomarse en cuenta, ya que este aspecto es el que marca el tipo de sensor que habrá de instalarse; para ello, en la actualidad, existe una amplia variedad de sensores que de manera especifica pueden medir diferentes variables físicas, como pueden ser la temperatura, humedad relativa de la tierra, humedad relativa del medio ambiente, presión sobre una superficie, presión por calor, distancias longitudinales, presencia de materiales, colores, etc.

Ahora bien, ya se sabe qué variable física se tiene que medir, supongamos que sea la temperatura (es una de las variables que comúnmente se tienen que estar controlando), tenemos que saber qué rango de temperatura se va a medir, ya que no es lo mismo controlar la temperatura ambiente de una habitación ó recinto que la temperatura de una caldera; por otra parte, dependiendo del proceso que vamos a automatizar, debemos tomar en cuenta la resolución de los cambios de la temperatura, esto es, no es lo mismo controlar una incubadora ó invernadero, donde variaciones de hasta 1/4 de grado centígrado tienen que registrarse, que controlar un crisol donde se deposita el acero fundido que, por lo menos, debe estar a una temperatura promedio aproximadamente de 2000 °C, donde el registro de variaciones de 1°C no sirve para mucho.

De acuerdo a lo anterior, nuevamente hacemos hincapié en la importancia que tiene la selección de los sensores; por lo tanto, para ayudar con esta actividad comencemos a clasificar los distintos tipos de sensores que existen en le mercado.

Todos los sensores son una rama de los llamados transductores, que a su vez se trata de dispositivos que convierten la naturaleza de una variable física en otra. Para que se entienda lo que es un transductor lo haremos por medio del siguiente ejemplo:

Sensores y Actuadores Típicos

Un termómetro de mercurio es un transductor que convierte el efecto de la temperatura en un movimiento que es provocado por la dilatación o contracción del mercurio, por lo tanto en un termómetro de mercurio se está convirtiendo la variable física representada por la temperatura, por otra variable física que es un movimiento mecánico.

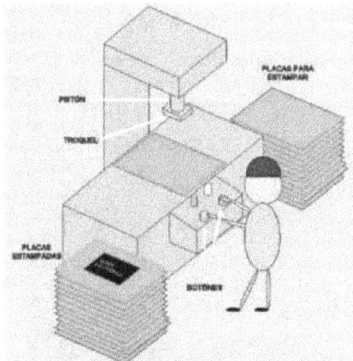

Figura 1 - Plano de situación.

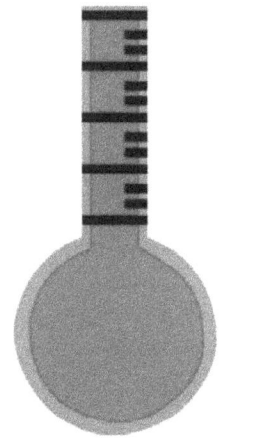

Figura 2 - Termómetro de mercurio.

En cualquier proceso industrial podemos encontrar una gran variedad de transductores, pero no todos son útiles para emplearlos en un sistema de automatización por medio de un PLC porque la naturaleza de la información que entreguen los transductores debe ser eléctrica; por lo tanto, los transductores que debemos emplear en un proceso industrial automatizado por medio de un PLC deben convertir cualquier variable física a una señal eléctrica. Estos transductores reciben el nombre de Sensores.

Sensores

Los sensores los podemos definir como dispositivos electrónicos que convierten una variable física a un correspondiente valor eléctrico; éste puede estar en términos de corriente, voltaje ó resistencia. Los sensores, a su vez, pertenecen a los elementos de entrada de datos de un sistema de control automático, por lo que la clasificación de los elementos de entrada queda como sigue:

Clasificación de los elementos de entrada
 • Activadores Manuales
 • Sensores

Los activadores manuales son elementos que se emplean para iniciar las actividades de un proceso de producción, o para detenerlo. Los activadores manuales son botones que pueden poseer contactos normalmente abiertos (N/A) o normalmente cerrados (N/C) o inclusive uno de cada uno. Estos botones pueden ser pulsadores tipo push button o con interruptor; una vez que fueron activados requieren una llave especial para poder desactivarlos.

Los activadores manuales son elementos de entrada que generan una señal de tipo discreto, esto es, se encuentra pulsado ("1 lógico") o se encuentra en reposo ("0 lógico").

Los activadores manuales son elementos indispensables que no pueden omitirse de los procesos industriales automatizados, porque siempre hace falta la intervención humana en, por ejemplo, al accionar por medio de un botón los mecanismos al inicio de la jornada laboral, o detener el proceso cuando algún suceso inesperado ocurra, o simplemente para detener los procesos porque se terminó la jornada laboral.

Los siguientes elementos de entrada que describiremos son los denominados sensores; estos dispositivos se clasifican en dos categorías que son:

Clasificación de los sensores
 • Discretos
 • Analógicos

Los sensores discretos simplemente nos indican si se encuentran detectando algún objeto ó no, esto es, generan un "1" lógico si detectan o un "0" lógico si no detectan; esta información es originada principalmente por presencia de voltaje o por ausencia de éste, aunque en algunos casos la información nos la reportan por medio de un flujo de corriente eléctrica. Los sensores discretos pueden operar tanto con señales de voltajes de corriente directa (VCD) como con señales de voltajes de corriente alterna (VCA).

Los sensores analógicos pueden presentar como resultado un número infinito de valores que pueden representar las diferentes magnitudes que estén presentes de una variable física; por lo tanto, en los sensores analógicos su trabajo se representa mediante rangos, por ejemplo, de 0V a 1.5V y dentro de este rango de posibles valores que puede adquirir la señal del sensor, está comprendido el rango de medición que le es permitido al sensor de medir una variable física. En los sensores analógicos, la señal que entrega puede re-

Figura 3 - Ejemplos de activadores manuales.

CONTROL LOGICO PROGRAMABLE

presentarse mediante variaciones de una señal de voltaje o mediante variaciones de un valor resistivo.

Sensores Discretos

Sensores de presencia o final de carrera.- Estos sensores se basan en el uso de interruptores que pueden abrir o cerrar contactos, dependiendo de la aplicación que se les asigne; por ejemplo, cuando se utilizan como detectores de presencia, se encargan de indicar en qué momento es colocado un objeto sobre éste, y por medio de la presión que ejerce se presiona su interruptor, lo que permite que se haga llegar una cierta magnitud de voltaje al sistema de control (que en este caso se sugiere que sea un PLC), y obviamente cuando el objeto no se encuentra, el voltaje que se reporta será de una magnitud igual a cero.

Cuando estos sensores tienen la tarea de detectar un final de carrera o límite de área, es porque se encuentran trabajando en conjunto con un actuador que produce un desplazamiento mecánico, y por lo tanto cuando esa parte mecánica haya llegado a su límite se debe detener su recorrido, para no dañar alguna parte del proceso automático. Cuando el actuador se encuentra en su límite de desplazamiento permitido, acciona los contactos de un interruptor que bien los puede abrir o cerrar; en las figuras 4 y 5 se muestran ejemplos de los sensores de presencia y final de carrera respectivamente.

Sensor Inductivo.- Este tipo de sensor, por su naturaleza de operación, se dedica a detectar la presencia de metales. El sensor inductivo internamente posee un circuito electrónico que genera un campo magnético, el cual está calibrado para medir una cierta cantidad de corriente eléctrica sin la presencia de metal alguno en el campo magnético, pero cuando se le acerca un metal, el campo magnético se altera provocando que la corriente que lo genera cambie de valor, lo que a su vez el sensor responde al sistema de control indicándole la presencia del metal. Una aplicación de este sensor es, por ejemplo, en las bandas transportadoras donde van viajando una serie de materiales metálicos, como pueden ser latas, y en los puntos donde se deben colocar estas latas se instalan los sensores; sin necesidad de un contacto físico, el sensor reporta cuándo una lata se encuentra en su cercanía.

Sensor Magnético.- El sensor magnético se encarga de indicar cuándo un campo magnético se encuentra presente cerca de él. El sensor magnético posee un circuito interno que responde cuando un campo magnético incide sobre éste; este sensor puede ser desde un simple reed switch hasta un circuito más complejo que reporte por medio de un voltaje la presencia o no del campo magnético. La respuesta tiene que ser guiada hacia el sistema de control para su posterior procesamiento. Una aplicación de este tipo de sensores puede encontrarse en aquellos actuadores que pueden desplazarse linealmente, y a éstos colocarles imanes en sus extremos para que cuando lleguen al sensor magnético sea detectado el campo del imán y el actuador se detenga y ya no prosiga con su movimiento.

Sensor Capacitivo.- Este tipo de sensor tiene la misión de detectar aquellos materiales cuya constante dieléctrica sea mayor que la unidad (1). El sensor capacitivo basa su operación en el campo eléctrico que puede ser almacenado en un capacitor, cuya capacidad depende del material dieléctrico tomando como base la constante dieléctrica del aire, que es igual que 1, cualquier otro material, que puede ser plástico, vidrio, agua, cartón, etc, tiene una constante dieléctrica mayor que 1. Pues bien para detectar un material que no sea el aire, el sensor capacitivo tiene que ser ajustado para que sepa qué material debe detectar. Un ejemplo para emplear este tipo de sensor es en una línea de producción donde deben llenarse envases transparentes, ya sean de vidrio o plástico, con algún líquido que inclusive puede ser transparente también.

Sensor Óptico.- El sensor óptico genera una barrera a base de la emisión de un haz de luz infrarroja, motivo por el cual este sensor se dedica a la detección de interferencias físicas o incluso a identificar colores y obtener distancias. Este sensor se basa en el uso de un diodo emisor de luz infrarroja, que por la naturaleza del ojo humano no la podemos percibir. El diodo emisor envía el haz de luz y por medio de

Figura 4 - Sensor de Presencia.

Figura 5 - Sensores de final de carrera

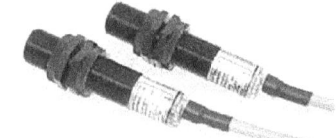

Figura 6 - Sensor Inductivo.

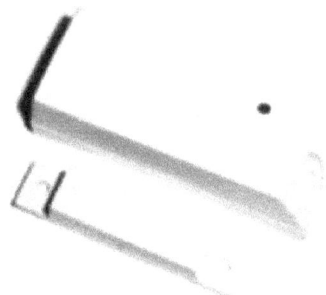

Figura 7 - Sensor Magnético.

Sensores y Actuadores Típicos

la reflexión, este haz de luz se hace regresar para ser captado por medio de un fotodiodo o fototransistor que es el que entrega una señal como respuesta a si existe el haz de luz infrarroja o no está presente. De la misma manera se pueden identificar colores, ya que la reflexión sobre una superficie puede ser total o parcial ya que los materiales pueden absorber el haz de luz infrarroja, dependiendo del color que tenga su superficie. Para medir distancias se puede tomar el tiempo que tarda el haz de luz en regresar y por medio de una fórmula muy simple se puede calcular la distancia ya que $v = d/t$, donde el tiempo lo podemos medir y v es la velocidad a la que viaja la luz; por lo tanto, se puede calcular la distancia d. La aplicación de este tipo de sensores puede ser muy amplia, ya que se puede utilizar como una barrera para que detecte el momento en que un operario introduce sus manos en un área peligrosa y pueda sufrir un accidente, o para detectar cuándo el haz de luz se corta cuando un material que viajaba sobre una banda transportadora, lo atravesó entre otras aplicaciones.

Figura 8 - Sensor Capacitivo.

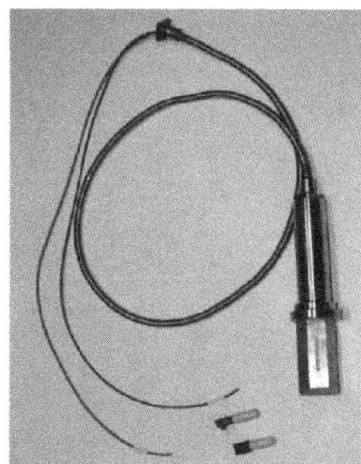

Figura 9 - Sensor Óptico.

Sensores Analógicos

Sensor de temperatura.- Este es de los sensores más comunes que se emplean dentro de un proceso industrial. Por ejemplo, en la industria alimenticia, metalúrgica o inyección de plásticos, etc, se requiere mantener los procesos de cocción o fundición, por ejemplo, en sus niveles de temperatura adecuada. Dependiendo del proceso que se está controlando, de los niveles de temperatura que se tienen que medir, y de la resolución, se cuenta con un sensor adecuado a las características que posee el proceso. En este caso, para medir la temperatura, se cuenta con una gama amplia de sensores que realizan esta tarea, por lo que procederemos a describir los sensores de temperatura más comunes:

RTD.- Su nombre es el de Resistencias Detectoras de Temperatura (por sus siglas en inglés RTD), también llamadas resistencias metálicas. La característica principal de estos sensores es que poseen coeficiente positivo de temperatura (PTC), lo que significa que al incrementarse la temperatura que se está sensando se produce un aumento en la resistencia de los materiales que conforman al RTD. La respuesta que presentan estos sensores, por lo general, es de características lineales, esto es, cuando cambia el valor de la temperatura se produce un cambio proporcional del valor de resistencia. El rango de medición de temperatura se encuentra aproximadamente entre -200 °C y 400 °C. Este sensor requiere un circuito de acoplamiento para hacer llegar su información al sistema de control.

Termistores.- Su nombre es el de Resistencia Sensible a la Temperatura (por sus siglas en inglés Termistor). Este tipo de sensor posee tanto coeficiente positivo de temperatura (PTC) como coeficiente negativo de temperatura (NTC), lo que significa que al incrementarse la temperatura que se está sensando se produce un aumento en la resistencia de los materiales que conforman al termistor (PTC), mientras que en los NTC, al incrementarse la temperatura, disminuye el valor de resistencia. La respuesta que presentan estos sensores no es lineal, sino más bien es del tipo exponencial. Esto significa que cuando cambia el valor de la temperatura se obtiene un cambio brusco de resistencia, por lo que este tipo de sensores es empleado para registrar cambios finos en la variable de la temperatura. El rango de medición de temperatura se encuentra aproximadamente entre -55 °C y 100 °C. Este sensor requiere un circuito de acoplamiento para hacer llegar su información al sistema de control.

Termopar.- Este sensor debe su nombre debido al efecto que presenta la unión de 2 metales diferentes, esta unión genera una cierta cantidad de voltaje dependiendo de la temperatura que se encuentre presente en la unión de los 2 metales. La respuesta que presentan estos sensores se encuentra en términos de pequeñas magnitudes de voltaje (entre µV y mV) que tienen correspondencia directa con el valor de la temperatura que se está midiendo y se puede considerar como una respuesta lineal. La característica principal de los termopares es que están diseñados para medir altas cantidades de temperatura, que pueden llegar inclusive al punto de fundición de los metales. El rango de medición

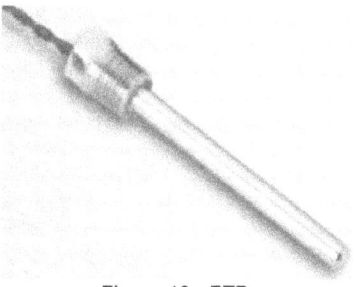

Figura 10 - RTD.

Figura 11 - Termistor.

CONTROL LOGICO PROGRAMABLE

de temperatura se encuentra aproximadamente entre -200 °C y 2000 °C. Este sensor requiere un circuito de acoplamiento para hacer llegar su información al sistema de control.

De circuito integrado.- Estos sensores se emplean para ambientes que no son tan demandantes en cuanto a su modo de operación, esto es, que por ejemplo no tengan que medir la temperatura de una caldera, expuestos directamente a la flama. Los sensores de circuito integrado internamente poseen un circuito que se basa en la operación de un diodo, que a su vez es sensible a los efectos de la temperatura; estos sensores nos entregan valores de voltaje que tienen una correspondencia directa con el valor de temperatura que están midiendo. La característica de estos sensores es que son muy exactos. Además dependiendo de la marca y el fabricante, éstos ya se encuentran calibrados tanto en °C como en °F ó °K. Estos sensores, por lo general, no requieren un circuito de acoplamiento para hacer llegar su información al sistema de control.

Galgas extensiométricas.- Estos sensores se puede decir que se adecúan para medir alguna variable dependiendo de la aplicación, porque su principio de operación se basa en el cambio del valor de resistencia que se produce al deformar la superficie de estos sensores. Claro que no pueden medir todas las variables, pero sí las que se relacionan con la fuerza, cuya fórmula matemática es:

f (fuerza) = m (masa) * a (aceleración)

Por lo tanto dependiendo de cómo se coloque la galga extensiométrica, se puede emplear para medir: la aceleración de un móvil, velocidad, presión ó fuerza, peso (masa) entre las más características de las variables a medir. Las galgas extensiométricas son resistencias variables que cambian su valor dependiendo de la deformación que esté presente sobre estos sensores. Estos dispositivos son muy sensibles a los cambios físicos que existan sobre su superficie, y requieren un circuito que adecúe su respuesta y ésta pueda ser enviada al circuito de control, para su posterior procesamiento.

Con toda la variedad de sensores, tanto discretos como analógicos, que han sido revisados en esta oportunidad, se han cubierto una buena cantidad de variables físicas que se pueden medir y cuantificar; de hecho, se encuentran las más comunes, pero aún así falta tomar en cuenta más variables físicas, como pueden ser las químicas (pH, CO_2, etc.) ó también los niveles de humedad, ya sea relativa del medio ambiente, ó de la tierra o dentro de algún proceso, y así podemos continuar enumerando variables físicas, pero para cada una de éstas existe un sensor que adecuadamente reportará los niveles de su magnitud. Por otra parte, todos los sensores que se encuentran inmersos dentro de los procesos industriales de una empresa se encuentran normalizados, esto es, que no importa la marca ni el fabricante de estos sensores, ya que todos deben cumplir con las distintas normas que rigen a los sistemas automáticos, y como ejemplo de estas normas se tienen las siguientes:

ANSI (Normas Americanas).
DIN (Normas Europeas).
ISO (Normas Internacionales).
IEEE (Normas Eléctricas y Electrónicas).
NOM (Normas Mexicanas).

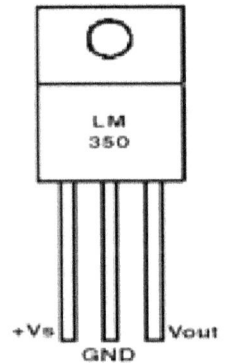

Figura 13 - C.I. LM35 Sensor de temperatura.

Todas las normas establecen medidas de seguridad, niveles de voltaje, dimensiones físicas de los sensores, etc.

Por último, queremos recordar que los sensores son elementos importantes en el proceso de automatización, razón por la cual se deben seleccionar adecuadamente.

Recapitulando, se puede mencionar que los sensores representan los ojos del sistema de control automático, mientras que la otra parte importante, la que manipula el proceso dependiendo de los datos alimentados al sistema de control, se la conoce con el nombre de "actuadores".

Actuadores

Los actuadores son elementos de potencia que deben poseer la energía suficiente para vencer a las variables físicas que se están controlando, y de esta manera poder manipularlas. Los actuadores, dependiendo de la fuerza que se requiere, se clasifican de acuerdo a lo siguiente:

Clasificación de los actuadores
- Neumáticos
- Hidráulicos
- Eléctricos
- Electromagnéticos

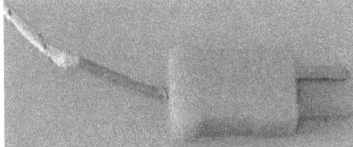

Figura 12 - Termopar.

Figura 14 - Galgas extensiométricas.

Sensores y Actuadores Típicos

Actuadores Neumáticos.- Estos dispositivos pueden generar desplazamientos tanto lineales como giratorios, y son de los más empleados dentro de los procesos industriales, ya que se ubican en estaciones de trabajo que tienen que posicionar las distintas piezas para maquilar algún producto, o mover de una estación a otra los productos semiconstruidos y de esta manera seguir con el proceso que se trate. Los actuadores neumáticos generan una fuerza fija que puede estar dentro del rango de hasta 25000 N (Newtons); por otra parte, si se requiere controlar sus giros si se trata de un motor neumático, se trata de una tarea imposible, pero como ventajas se tiene que se puede almacenar en un tanque aire comprimido y con éste se puede trabajar. Los actuadores neumáticos requieren válvulas de control para que se activen o desactiven los cilindros (para desplazamiento lineal) ó los motores (movimiento circular).

Los actuadores neumáticos entre otras características son muy limpios en cuanto a su modo de operación, ya que utilizan aire comprimido, razón por la cual se les emplea sobre todo en la industria alimenticia, y en aquellos procesos en donde se tienen ambientes muy explosivos y que requieren un ambiente limpio en general.

Actuadores Hidráulicos.- Estos dispositivos son similares a los neumáticos, pero su principal diferencia radica en la potencia que desarrollan al realizar su trabajo, ya que esta se encuentra por encima de los 25000 N (Newtons). Principalmente los encontramos en grúas o cilindros que tienen que desplazar linealmente grandes objetos que poseen pesos exorbitantes, y es aquí donde ningún elemento actuador puede reemplazar a los hidráulicos.

Existen tanto cilindros como también motores hidráulicos, los cuales requieren un aceite que se desplaza por la estructura y proporciona la fuerza de trabajo. El caudal del aceite es controlado por válvulas que son las que activan o desactivan a los elementos hidráulicos.

Actuadores Eléctricos.- Estos dispositivos de potencia principalmente generan desplazamientos giratorios, y son empleados con mucha frecuencia dentro de los procesos industriales, ya sea para llenar un tanque con algún líquido, ó atornillar las piezas de un producto, ó proporcionarle movimiento a una banda transportadora, etc. Los actuadores eléctricos generan una fuerza fija que se encuentra por debajo del rango de 25000 N (Newtons), pero como ventaja principal se tiene la de poder controlar sus r.p.m. (revoluciones por minuto).

Los actuadores eléctricos requieren de elementos contactores para que abran ó cierren la conexión de la energía eléctrica a sus terminales de alimentación (activar ó desactivar respectivamente). Se debe tener en cuenta que estos actuadores son de naturaleza electromagnética, por lo que se deben contemplar los respectivos dispositivos que filtren y eliminen la f.c.e.m que generan los motores cuando se desenergizan.

Actuadores Electromagnéticos.- Aquí nos referimos principalmente a los relevadores y no a los motores que ya fueron revisados en el apartado anterior. Ahora bien, los relevadores también se pueden considerar como dispositivos que hacen las funciones de interfase entre la etapa de control (PLC) y la etapa de potencia, pero aunque así fuera, existen relevadores que llegan a demandar una cantidad importante de corriente eléctrica, motivo por el cual tienen que considerarse por sí solos como elementos de potencia. Para energizar su bobina, es necesario contemplar lo relacionado a cargas electromagnéticas para que su influencia no afecte el desempeño de todo el equipo de control automático.

****

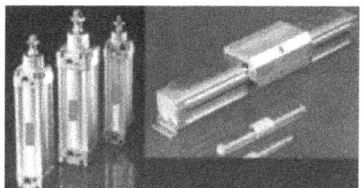

Figura 15 - Cilindros neumáticos con vástago y sin vástago.

Figura 16 - Válvula de control neumática.

Figura 17 - Motores neumáticos.

Figura 18 - Motores hidráulicos.

Figura 19 - Motores eléctricos.

Figura 20 - Relevadores.

LENGUAJE DE PROGRAMACION

CONOCIENDO EL LENGUAJE EN ESCALERA

Ambiente de programación conocido como "Lenguaje en Escalera", pero su título oficial es el de "Diagrama de Contactos".

Para empezar a programar un PLC necesitamos conocer bajo qué ambiente de programación lo haremos. Normalmente ese ambiente de programación es gráfico, y se lo conoce con el nombre de "Lenguaje en Escalera", pero su título oficial es el de Diagrama de Contactos. Cabe aclarar que existen diversos lenguajes de programación para los PLCs, pero el llamado Lenguaje en Escalera es el más común y prácticamente todos los fabricantes de PLC lo incorporan como lenguaje básico de programación.

El Lenguaje en Escalera es el mismo para todos los modelos existentes de PLC, lo que cambia de fabricante a fabricante o de modelo a modelo es el microcontrolador que emplea, y por esta razón lo que difiere entre los PLCs es la forma en que el software interpreta los símbolos de los contactos en Lenguaje en Escalera. El software de programación es el encargado de generar el código en ensamblador del microcontrolador que posee el PLC. Por ejemplo existen fabricantes de PLC, que emplean microcontroladores HC11 de motorola® ó el Z80® ó los PIC de microchip® ó los AVR de atmel®, etc. Para cada PLC, el código que se crea es diferente, ya que por naturaleza propia los códigos de los microcontroladores son diferentes, aunque el Lenguaje en Escalera sea el mismo para todos los PLCs.

En esta oportunidad describiremos ampliamente la utilización del software de programación de nuestro PLC, y aunque ya se mencionó en líneas anteriores que el código que se genera es diferente entre varias marcas de PLC, el lenguaje en escalera es el mismo para todos, y al final de cuentas éso es lo que nos interesa para programar un PLC. Si aprendemos a programar uno de la marca Siemens®, de manera implícita estaremos obteniendo el mismo conocimiento para programar uno de la marca GE-Fanuc®, y así sucesivamente.

Se puede utilizar cualquier modelo de PLC, inclusive el fabricado por cualquier fabricante; esto quiere decir que, dependiendo del PLC seleccionado, éste puede tener inclusive desde 6 entradas y 6 sali-

Conociendo el Lenguaje en Escalera

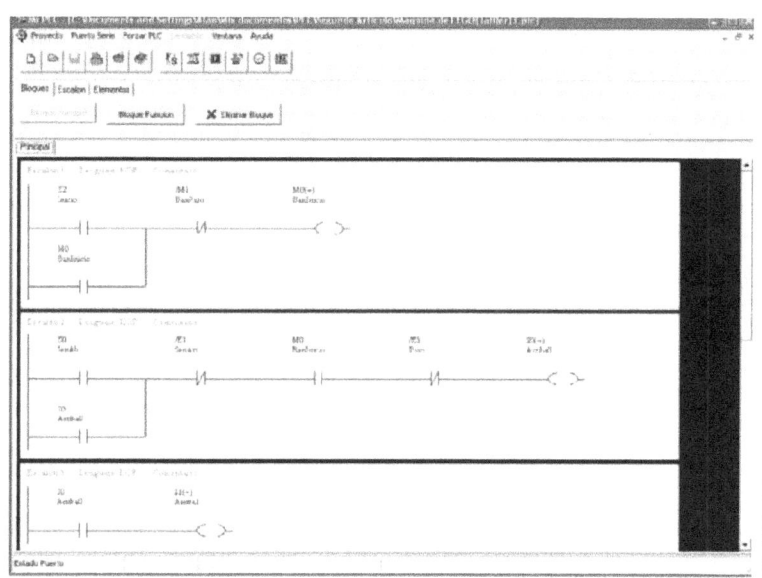

Figura 1 - Lenguaje en Escalera del PLC que emplea Saber Electrónica

Para programar el PLC con una aplicación industrial ó con un programa de prueba como los que estaremos desarrollando en esta serie de ejemplos; la primer acción que tenemos que realizar es abrir el software de programación llamado "MiPlc" que previamente tuvo que ser instalado, este programa lo pueden descargar gratuitamente de la página de Internet de Saber Electrónica, cuya dirección es www.webelectronica.com.ar con la clave "progplc".

Una vez que hacemos doble click sobre el ícono del software de programación MiPlc, aparece una ventana de bienvenida en la cual se observan los datos de la empresa fabricante del PLC, sus correos electrónicos y números de teléfono por si gustan contactarlos directamente; para ingresar al programa, se debe oprimir sobre el cuadro llamado OK.

Ya dentro del programa del PLC tenemos que dirigirnos al menú de herramientas y seleccionar el que se llama Puerto Serie; como paso siguiente, se tiene que seleccionar la opción de Configurar Puerto, tal como se ilustra en la figura 5. La acción anterior provocará que se abra la ventana etiquetada como setup, en la cual configuramos las características de la comunicación serial que se establecerá entre el PLC y la computadora, por lo que normalmente se dejan los datos que se ilustran en la figura 6, y cuando ya tenemos ingresados estos datos, oprimimos con el apuntador del ratón

das. Pero de momento este aspecto no es el importante, ya que el Lenguaje Escalera es funcional para cualquier PLC, y por lo tanto solo debemos tomar en cuenta la cantidad de entradas y salidas que posea el PLC.

Para que todos los lectores puedan poner en práctica lo aprendido en cuanto al tema de los PLCs, Saber Electrónica les pone a su disposición un PLC que tiene como característica importante la de poseer la misma capacidad de trabajo que cualquiera de marca reconocida (en esta misma categoría) llámese Allen Bradley® ó Siemens®, por ejemplo. Considerando que es un producto desarrollado en México, el software lo encontramos en nuestro idioma, esto es, en español. Además, su costo no representa un gran desembolso como lo sería un PLC de marca conocida; por lo tanto, lo podemos adquirir de una forma muy económica, inclusive para aprender y practicar la programación de estos dispositivos de control. Como última característica importante del PLC que empleamos en Saber Electrónica, diremos que tiene la opción de programarse como todos los demás, o sea, mediante el Lenguaje en Escalera.

Figura 2 - Vista del PLC que emplea Saber Electrónica.

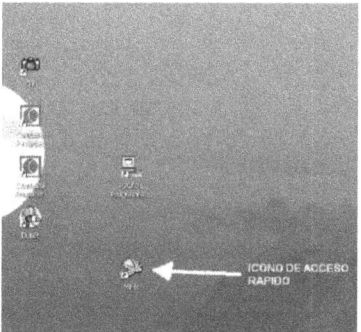

Figura 3 - Icono de acceso rápido en el escritorio de la PC.

Figura 4 - Ventana de Bienvenida.

CONTROL LOGICO PROGRAMABLE

sobre el cuadro OK, lo que provocará que se abra el canal de comunicación serial. Podemos decir con toda seguridad que el software de nuestro PLC ya ha sido configurado adecuadamente para que éste pueda operar; por lo tanto, lo que sigue es ingresar los símbolos correspondientes al programa.

En la figura 7 se observa la imagen del software de programación de PLC donde se identifican las partes que lo componen y son las siguientes: menú de herramientas, botones de acceso rápido, los menúes específicos de trabajo y el estado de la actividad existente entre el PLC y la computadora.

Como primer paso para comenzar con un programa se tiene que crear un nuevo proyecto, por lo que nos dirigimos al menú Proyecto, y posteriormente al comando Nuevo, tal como se ilustra en la figura 8.

Una vez que se abrió un nuevo escalón estamos en posibilidad de comenzar a insertar los símbolos correspondientes al lenguaje en escalera para formar nuestro programa. Ahora seleccionamos el menú específico de trabajo denominado "Elementos", ya que en esa sección se tienen los símbolos que representan las operaciones que el programa tiene que ir interpretando; a continuación, iremos describiendo símbolo por símbolo.

El primer conjunto de símbolos corresponde a variables de señales de entrada. Estas se denominan como contacto normalmente abierto (N.A.) y contacto normalmente cerrado (N.C), y su función principal

Figura 8 - Creando un nuevo proyecto.

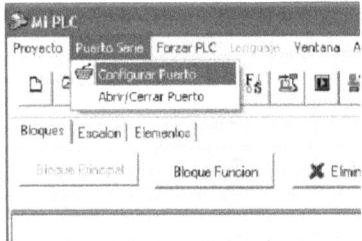

Figura 5 - Configuración del puerto serie.

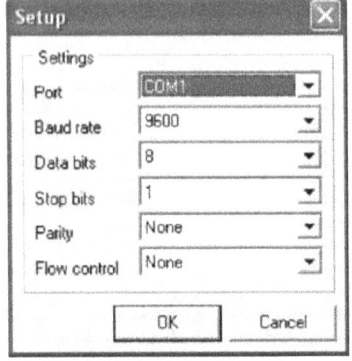

Figura 6 - Datos para configurar el puerto serie.

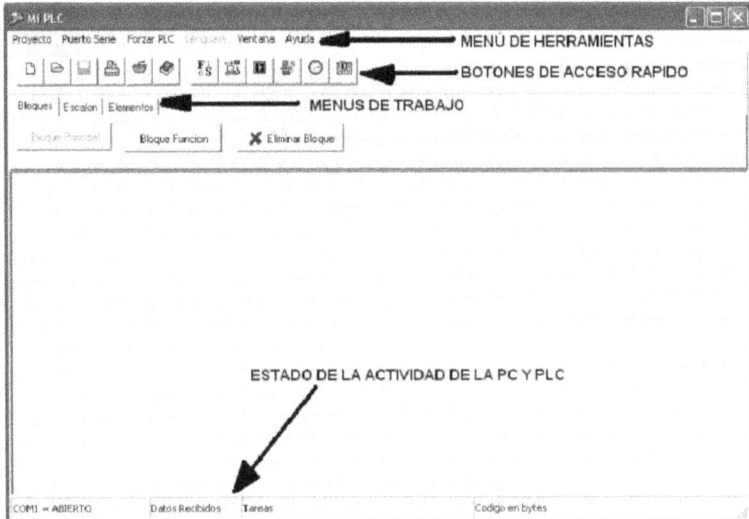

Figura 7 - Partes del programa del PLC.

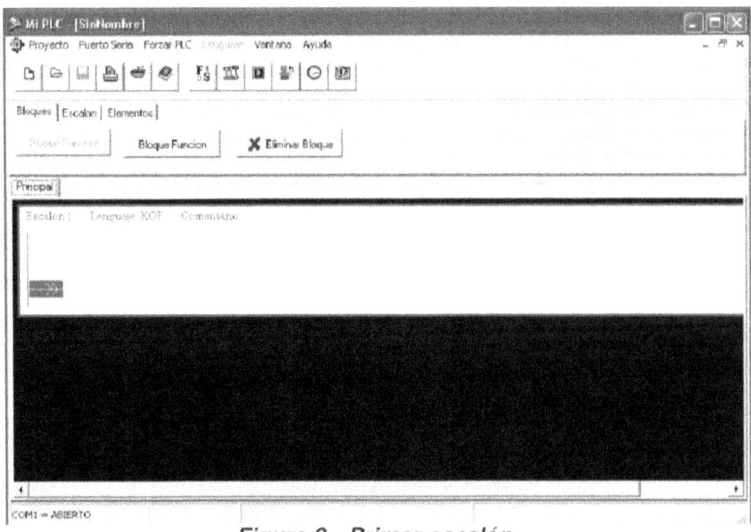

Figura 9 - Primer escalón.

28

Conociendo el Lenguaje en Escalera

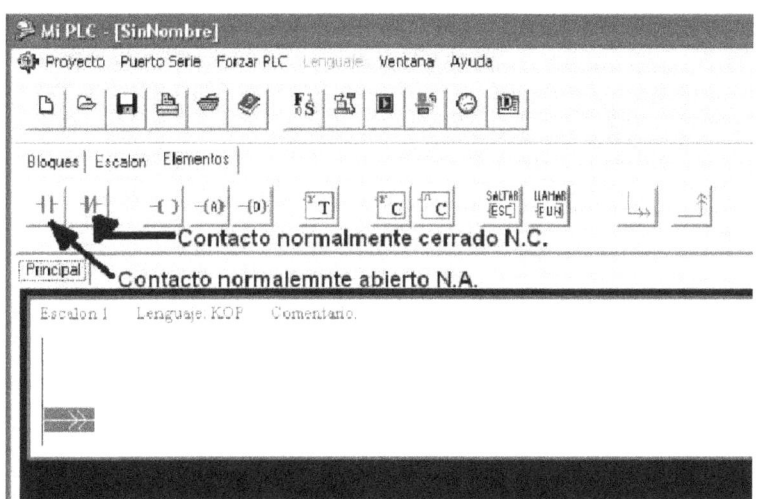

Figura 10 - Variables de entrada.

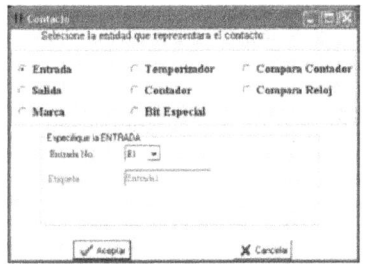

Figura 11 - Configuración de las entradas.

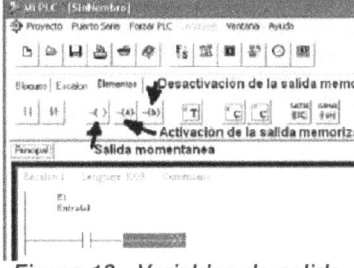

Figura 12 - Variables de salida.

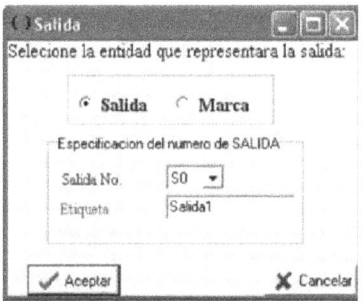

Figura 13 - Configuración de las salidas.

es la de informar al PLC el estado lógico en que se encuentran las variables físicas que son captadas a través de sensores, y al igual que los contactos de un relevador, cuando éste se encuentra desenergizado el contacto N.A. se encuentra abierto, mientras que el contacto N.C. se encuentra cerrado, y cuando se activan el contacto N.A. se cierra y el contacto N.C. se abre, o dicho en otras palabras, existe un cambio de estado cuando los contactos son manipulados.

Estos contactos constituyen las "CONDICIONES" que sirven para generar la lógica de programación del PLC, ya que es a través de éstos que se implementan las funciones lógicas que el programa de control de algún proceso industrial utiliza. Para insertar alguno de estos símbolos basta con seleccionarlo con el apuntador del ratón y darle click con el botón izquierdo; esta acción provocará que se abra una ventana preguntando qué tipo de entrada es, por lo que aquí seleccionaremos si se trata de una entrada a través de los bornes de conexión (entrada física) o se trata de una entrada interna (estado generado por alguna operación interna del PLC). Una vez seleccionado el tipo de entrada tendremos que decirle de dónde leerá la información, por lo que tenemos que seleccionar el origen de la entrada (ya sea física o interna) y por último asignarle una etiqueta que corresponda con la información que está leyendo.

El segundo conjunto de símbolos corresponde a variables de salida, las que a su vez activarán elementos de potencia, los cuales pueden ser motores de CD o de CA, calefactores, pistones, lámparas, etc. Los símbolos que se emplean para representar a las salidas en el lenguaje en escalera tienen el mismo significado que en un diagrama eléctrico tiene la bobina de un relevador, y lo mismo que sucede con uno real para que se energize, se tienen que cumplir ciertas condiciones lógicas previas, así sea el accionamiento de un botón. Los símbolos que activan a las salidas constituyen las "ACCIONES" que todo proceso industrial debe efectuar, esto es para modificar las variables físicas que se encuentran interviniendo en cualquier línea de producción. Las salidas, dependiendo de cómo se lleve a cabo su manejo de memoria, reciben los nombres de salida momentánea o salida memorizada.

La salida momentánea nos representa un estado lógico que hará encender o apagar cualquier elemento actuador; esta salida se caracteriza por el modo de operación, que nos dice que para tener un "1" lógico a la salida es requisito indispensable que las CONDICIONES que prevalecen a la entrada se mantengan todo el tiempo que sea necesario para que ese "1" lógico exista; de cualquier otra forma, lo que se tendrá es un "0" lógico a la salida. La salida memorizada contiene de manera implícita una memoria, la cual es de mucha utilidad para mantener el estado de "1" lógico durante todo el periodo de tiempo que el proceso así lo requiera, y lo único que se tiene que hacer es activar la salida con memoria. Cuando se activa la salida

CONTROL LOGICO PROGRAMABLE

memorizada no importa que cambien las CONDICIONES, el estado de "1" lógico no se modifica. Ahora bien, cuando sea necesario que se tenga que cancelar la memoria o también se puede expresar que se apagará la salida, ó se llevará al estado de "0" lógico, lo que se tiene que realizar es accionar la desactivación correspondiente.

Cuando se utiliza una salida se tienen dos posibilidades de configurarla: un tipo de salida es como externa, por lo que la definiremos como salida, y para ello le indicaremos a qué terminal física del bornero de conexión está reflejándose su actividad. El segundo tipo de salida es considerada como interna y se denomina como marca, y lo que representa es que esta marca es una condición interna del programa de control que no tiene reflejo hacia algún elemento actuador. Cabe mencionar que para el programa del PLC que empleamos en Saber Electrónica, se permite tener tan solo un diferente símbolo de salida, y si requerimos más de uno, se necesita abrir tantos escalones como salidas tengamos en nuestro proceso.

El tercer conjunto de símbolos está compuesto por uno solo y se trata del temporizador, el cual es una herramienta que tiene la función de activar el conteo de un intervalo de tiempo que tiene como base 1 segundo; el tiempo máximo que se puede fijar es de 255 segundos. El temporizador es una gran ayuda, sobre todo cuando se pretende establecer una condición de seguridad para el operador, por ejemplo, cuando haya transcurrido un tiempo de algunos segundos sin que exista respuesta alguna; entonces, el accionamiento de los botones de control no responderán sino hasta que el proceso se restablezca. El temporizador, una vez que es activado, comienza a cuantificar el tiempo de forma descendente, y cuando llega a 0 segundos origina una salida interna con el estado de

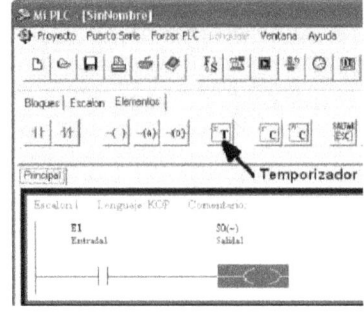

Figura 14 - Elección del Temporizador.

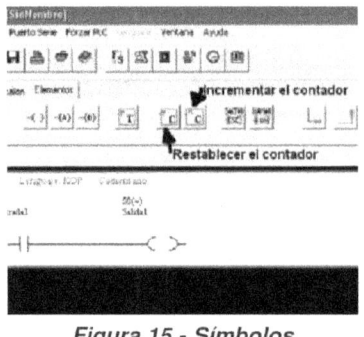

Figura 15 - Símbolos del contador.

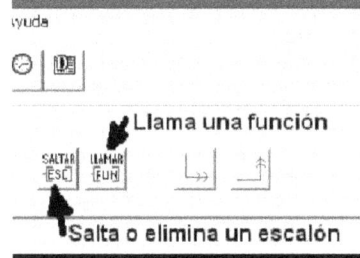

Figura 16 - Llamadas de funciones.

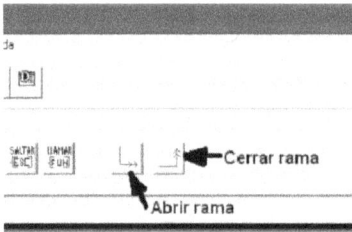

Figura 17 - Herramientas para abrir y cerrar una rama.

1 lógico, cancelándose esta salida cuando se restablece el temporizador.

El cuarto conjunto de símbolos sirve para utilizar la herramienta que tiene la función de contar eventos. A este contador se le tiene que fijar cuál es el valor máximo al que tiene que llegar, lo cual depende del PLC, pero normalmente para controlar el proceso de llenado de una caja con productos no se requieren valores muy altos. Una vez que fue activado y llega a su conteo máximo, se origina una salida interna con el estado de 1 lógico avisando que ha llegado al valor de conteo prefijado para colocar en 0 lógico la salida interna del contador. Este se debe reinicializar para poder comenzar con un nuevo proceso de conteo.

El quinto conjunto de símbolos está integrado por dos herramientas, una que sirve para diseñar funciones que operen como subrutinas y otra que sirve para saltar un escalón, que es lo mismo que inhabilitarlo. Las subrutinas se emplean cuando en el desarrollo de nuestra aplicación existen condiciones que se repiten más de una vez, y si las ingresamos en cada escalón diferente nos llevaría a incrementar enormemente nuestro programa, razón por la cual para simplificarlo se diseña una función que internamente contenga toda la lógica de control que se repite constantemente y posteriormente sólo se llama y ya no se ingresan todos los símbolos. La segunda herramienta, que sirve para saltar un escalón, se emplea cuando, dependiendo del contexto del programa de control lógico, una condición se lleva a cabo que conlleva el seleccionar uno de dos o más caminos, por lo que se selecciona el adecuado y se eliminan los demás.

El sexto y último conjunto de símbolos sirve para realizar bifurcaciones cuando se están ingresando los contactos, ya sean N.A. o N.C. Estos símbolos sirven para abrir una rama y también para cerrarla.

Una vez que hayamos ingresa-

Conociendo el Lenguaje en Escalera

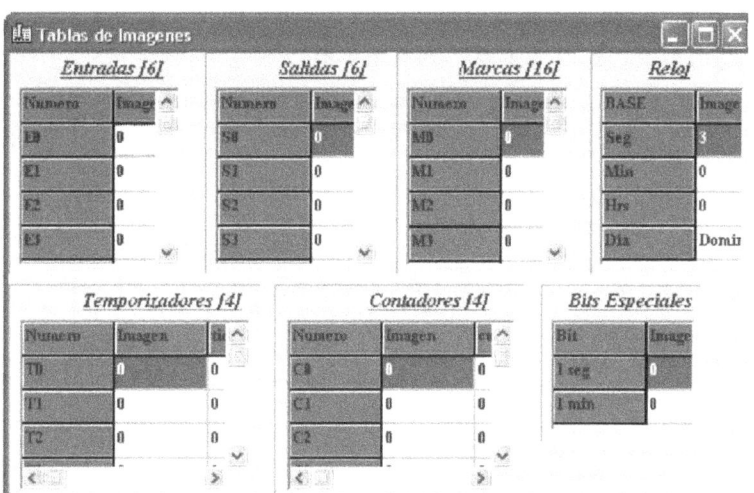

Figura 18 - Ventana de simulación.

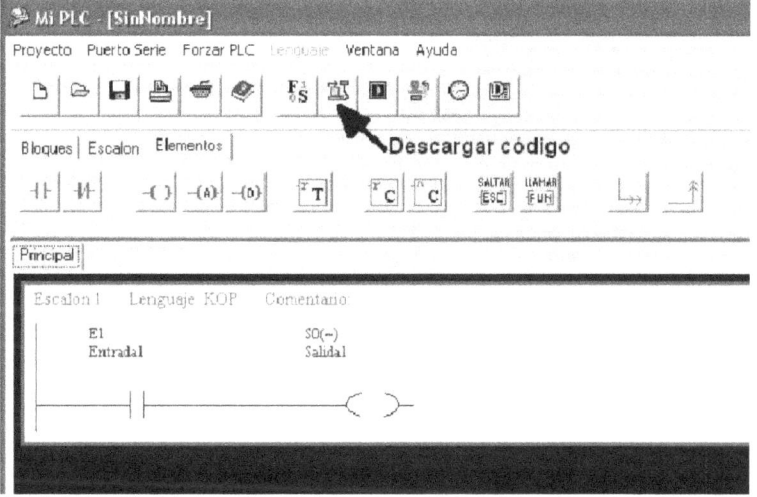

Figura 19 - Herramienta para descargar el código al PLC.

sualizando ahí el estado que guardan todas las entradas, salidas, temporizadores, contadores, etc.

Para realizar la simulación de nuestro programa tenemos que ir manipulando en el recuadro correspondiente las condiciones, o sea las entradas y tan solo basta con que coloquemos el apuntador del ratón y oprimamos el botón izquierdo del mismo para cambiar el estado lógico que contenía.

Cuando se ha simulado el programa y éste ejecuta todas las condiciones lógicas que le programamos, ya estamos en posibilidad de cargar el programa al PLC, por lo que ahora conectamos el cable de programación tanto al puerto serie de la computadora como a la terminal correspondiente del PLC, y para ello hacemos uso del botón de acceso rápido.

Pues bien, aquí se ha descrito lo que corresponde al ambiente gráfico del programa de nuestro PLC, pero lo importante para aprender a programar es que uno realice los ejercicios que hemos propuesto a lo largo de este libro, y aunque no posea algún PLC, basta con el software para practicar, ya que éste contiene un simulador. Por otra parte, también es digno de mencionarse que si en un futuro pretenden programar un PLC de ora marca y con otras características, no existe el mayor problema ya que al aprender el lenguaje en escalera, prácticamente están aprendiendo a programar cualquier PLC. Esto es porque el lenguaje en escalera es universal para todos. ★★★★★★★★★★★

do todos los símbolos de nuestro programa en lenguaje en escalera, es recomendable antes de programar al PLC simular las funciones lógicas y tener la certeza de que nuestra lógica funciona, por lo que hacemos uso de la tecla de acceso rápido correspondiente. Como respuesta de la acción anterior, se provocará que una ventana se abra, vi-

LENGUAJE DE PROGRAMACION

FUNCIONES LOGICAS DE UN PLC

Función lógica AND (Y). Función lógica OR (O). Función lógica INVERSORA (NOT). Función lógica NO INVERSORA.

Para programar un PLC es necesario el empleo de un lenguaje específico, ya que el PLC, por lo general, sólo entiende éste. El lenguaje de programación de cada PLC cambia de acuerdo al creador del producto, y aunque se utilizan los mismos símbolos en los distintos lenguajes, la forma en cómo se crean y almacenan cambia de fabricante a fabricante; por lo tanto, la manera de cómo se interpretan las instrucciones por medio de un PLC es diferente, dependiendo de la marca.

Existen comercialmente tres lenguajes que la mayoría de los fabricantes de los PLCs ponen a disposición de los usuarios; estos lenguajes son:

• Diagrama de Contactos, también conocido como Lenguaje en Escalera.
• Listado de Instrucciones
• Diagramas de Funciones

En primera instancia se hará una descripción del Lenguaje en Escalera. Este lenguaje es una representación gráfica que por medio de software se implementan tanto los contactos físicos que posee un relevador (Variables de Entrada), así como también las bobinas (Variables de Salida) que lo constituyen. Las actividades que realizan estas representaciones se materializan a través de las líneas de entrada y salida del PLC.

En el Lenguaje en Escalera son muy vastos los símbolos empleados, pero como introducción, en primer término, explicaremos los símbolos que relacionan las entradas con las salidas.

Los elementos básicos correspondientes a las entradas son los que a continuación se muestran:

• Contacto normalmente abierto
• Contacto normalmente cerrado

Contacto normalmente abierto (NA) Este tiene la misma función de un botón real, el cual cuando no es accionado se reposiciona automáticamente a su estado natural, que es encontrarse abierto o desconectado (ver figura 1). En otras palabras, cuando el usuario presiona el interruptor, hace que exista una unión entre los dos contactos internos que tiene el botón, cambiando su estado lógico de abierto (desconectado) a cerrado (conectado) (ver figura 2).

Contacto normalmente cerrado (NC) Igualmente funciona como un botón real, pero de manera inversa al contacto normalmente abierto, esto es que, cuando no es accionado, se reposiciona automáticamente a su estado natural que es el encontrarse cerrado o conectado (ver figura 3).

Funciones Lógicas de un PLC

Cuando el usuario presiona el interruptor abre la unión que existe entre los dos contactos internos del botón, cambiando su estado lógico de cerrado (conectado) a abierto (desconectado) (ver figura 4).

De acuerdo a la convención establecida por los fabricantes de los PLCs, se sabe que la correspondencia que tienen los estados lógicos cerrado y abierto con los dígitos binarios "0" y "1" es la siguiente:

Abierto equivale a "0" lógico
Cerrado equivale a "1" lógico

Ya que conocemos los símbolos básicos correspondientes a las entradas en el Lenguaje en Escalera, debemos encontrar la manera de obtener una respuesta en base a nuestras entradas. La solución la hallamos en el mismo Lenguaje en Escalera, ya que para representar una salida se emplea el símbolo -( )-, el cual tiene una función similar a la de una bobina en un relevador, la cual una vez energizada provoca un cambio de estado en el (los) interruptor(es) que se encuentran bajo su influencia.

Para programar un PLC, primeramente se deben tener contempladas las entradas y las salidas totales que estarán interactuando en el sistema que se va a automatizar; posteriormente, es necesario plantear el procedimiento mediante el cual se relacionarán las entradas con las salidas de acuerdo a las respuestas que se esperan del sistema.

Una herramienta que se emplea frecuentemente para programar un PLC son las Tablas de Verdad, ya que en éstas se observa la respuesta que debe emitir el PLC en función de las combinaciones de los estados lógicos de las entradas. La combinación generada por la forma en como se conecten las variables de entrada da origen a funciones lógicas estandarizadas como por ejemplo: AND, OR, INVERSOR, etc.

Tanto las funciones lógicas, mencionadas en el párrafo anterior, como todas las que faltan; tienen asociado un símbolo por medio del cual se identifican en el área de la electrónica. Cabe aclarar que en esta área estas funciones son llamadas por su nombre en inglés; por lo tanto, así nos referiremos a ellas. Cuando se utiliza el Lenguaje en Escalera para programar un PLC, no se emplean los símbolos de las funciones lógicas; por lo tanto, debemos ser capaces de implementarlas utilizando las variables de entrada y salida que, de acuerdo a cierto arreglo, se comportarán como las funciones lógicas: AND, OR, INVERSOR, NOR, etc.

Existen tres funciones lógicas a partir de las cuales se generan todas éstas, las cuales son: AND, OR e INVERSOR. Por lo tanto, a continuación se explicará cómo se implementan con el Lenguaje en Escalera, así como su comportamiento.

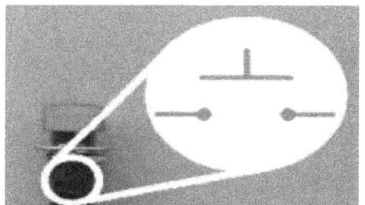

Figura 1 - Interruptor con contacto normalmente abierto en reposo.

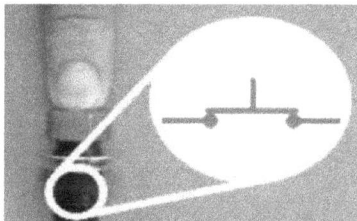

Figura 2 - Interruptor con contacto normalmente abierto activado.

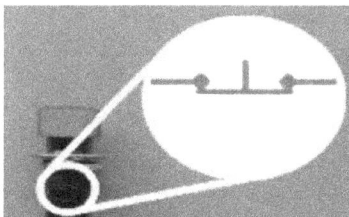

Figura 3 - Interruptor con contacto normalmente cerrado en reposo.

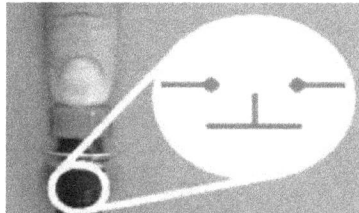

Figura 4 - Interruptor con contacto normalmente abierto activado.

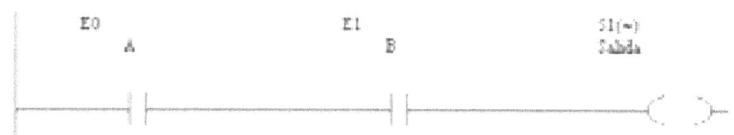

Figura 5 - Función Lógica AND (Y) con las entradas A y B en "0".

Figura 6 - Función Lógica AND (Y) con entrada A en "0" y B en "1".

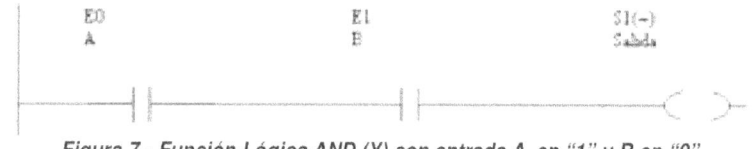

Figura 7 - Función Lógica AND (Y) con entrada A en "1" y B en "0".

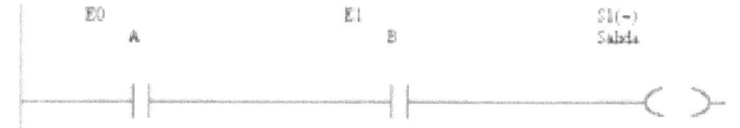

Figura 8 - Función Lógica AND (Y) con las entradas A y B en "1".

CONTROL LOGICO PROGRAMABLE

Figura 9 - Función Lógica OR (O) con las entradas A y B en "0".

Figura 10 - Función Lógica OR (O) con entrada A en "0" y B en "1".

Figura 11 - Función Lógica OR (O) con entrada A en "1" y B en "0".

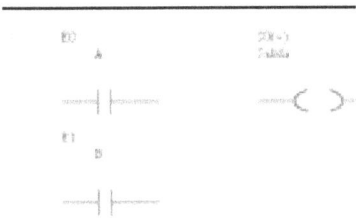

Figura 12 - Función Lógica OR (O) con las entradas A y B en "1".

Figura 13 - Función Lógica Inversora (NOT) con las entrada A en "0".

Figura 14 - Función Lógica Inversora (NOT) con las entrada A en "1".

Función Lógica AND (Y)

La función lógica AND tendrá la salida activada (energizada) sólo si ambos contactos (normalmente abiertos) tienen el nivel lógico de 1; en todos los otros casos, la salida estará desactivada (desenergizada). Ver figura 5, 6, 7 y 8.
Nota: Los símbolos iluminados se encuentran activos.
Las figuras 5, 6, 7 y 8 generan la siguiente tabla de verdad:

Tabla 1 Función lógica AND (Y)

A	B	Salida	Figura
0	0	0	5
0	1	0	6
1	0	0	7
1	1	1	8

Función Lógica OR (O)

Con una función lógica OR la salida se presenta activada (energizada) si uno o todos sus contactos (normalmente abiertos) se encuentran en el estado de "1" lógico. En contraparte, la salida se presentará desactivada (desenergizada) cuando todos los interruptores tienen un estado lógico "0". Ver figura 9, 10, 11 y 12.
La tabla de verdad que se desprende de las figuras 9, 10, 11 y 12 es la siguiente:

Tabla 2 Función lógica OR (O)

A	B	Salida	Figura
0	0	0	9
0	1	1	10
1	0	1	11
1	1	1	12

Función Lógica Inversora (NOT)

La función lógica INVERSORA (NOT), a diferencia de las funciones AND y OR, sólo requiere un contacto en la entrada, el cual debe ser normalmente cerrado. La salida se presenta activada (energizada) si el contacto se encuentra en el estado de 0 lógico (ver figura 13). En contraparte, la salida se presentará desactivada (desenergizada) cuando el interruptor tiene un estado lógico "1", ver figura 14.
De acuerdo a lo explicado en el párrafo anterior, se observa que la finalidad de esta función lógica es presentar en la salida el estado lógico del contacto de manera invertida.
Las Figuras 13 y 14 se resumen en la tabla 3.

Tabla 3 Función Lógica Inversora (NOT)

A	Salida	Figura
0	1	13
1	0	14

Función Lógica No Inversora

La función lógica NO INVERSORA requiere únicamente de un contacto, el cual debe ser normalmente abierto. La salida es el reflejo del estado lógico en el que se encuentre el contacto, ver figura 15 y 16.
La tabla de verdad de la función lógica NO INVERSORA es la que se presenta a continuación:

Tabla 4 Función Lógica NO Inversora.

A	Salida	Figura
0	0	15
1	1	16

****

Figura 15 - Función Lógica NO Inversora con las entrada A en "0".

Figura 16 - Función Lógica NO Inversora con las entrada A en "1".

PROGRAMACION DEL PLC

PROGRAMACION INTUITIVA DE UN PLC

Los conceptos básicos que fueron tratados en el Capítulo 6 nos proporcionan las herramientas necesarias para automatizar cualquier maquinaria del tipo industrial.

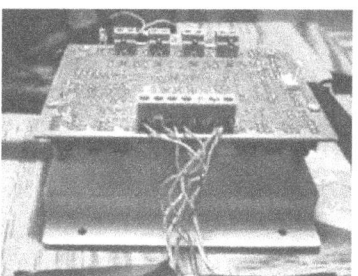

Figura 1 - Vista 1 de un PLC de 6 entradas y 4 salidas.

Figura 2 - Vista 2 de un PLC de 6 entradas y 4 salidas.

Figura 3 - Máquina industrial a automatizar.

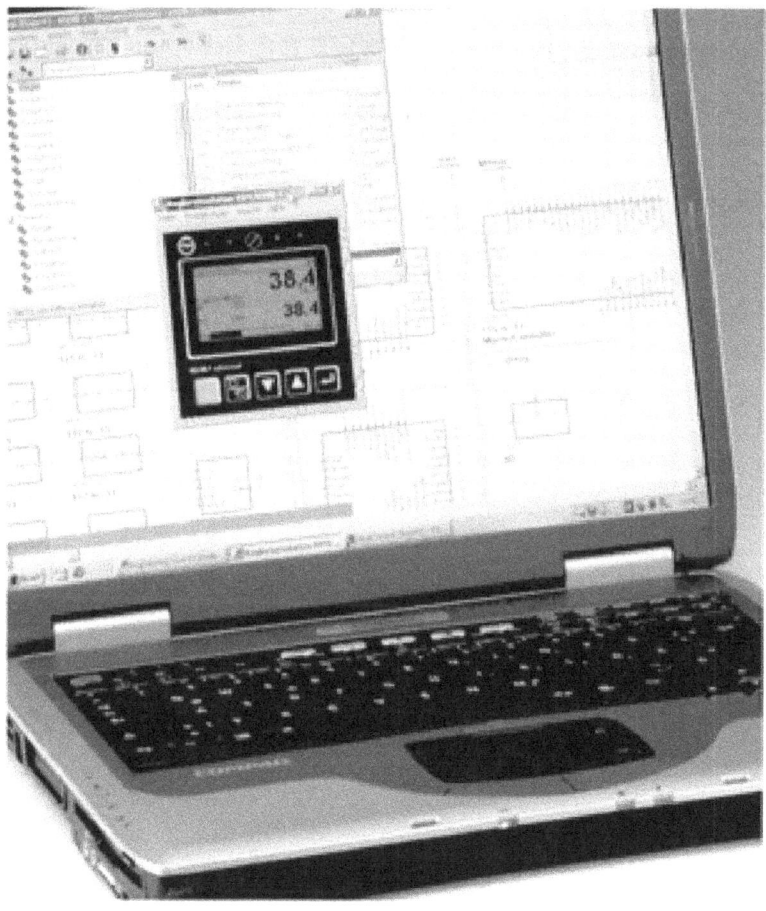

Los conceptos básicos que fueron tratados en el capítulo 6 ("Funciones Lógicas de un PLC"), nos proporcionan las herramientas necesarias para automatizar cualquier maquinaría del tipo industrial, ya que son los mínimos que se requieren para tal finalidad, y de ahí podemos partir para implementar procesos complejos.

Con la finalidad de aplicar las rutinas básicas de programación de los PLC´s, modelaremos la máquina industrial, tal como la mostrada en la figura 3, la cual reporta los movimientos básicos de subir y bajar. La función del PLC es controlar estos movimientos con la finalidad de no forzar el motor de la maquinaria, pues en algunas ocasiones aunque la maquinaria haya alcanzado el límite de su desplazamiento, el motor tiende a seguir con su movimiento inercial.

Comenzando con el proceso formal de automatizar una línea de producción, en primer lugar se debe elaborar un bosquejo del sistema que será automatizado con la finalidad de analizarlo en su totalidad y evitar así la omisión de detalles que desembocarían en errores en el funcionamiento.

Para fines didácticos es más sencillo utilizar un modelo basado en la realidad.

Programación Intuitiva de un PLC

que represente las condiciones de operación del sistema original (ya que no todos tenemos acceso a maquinaria o líneas de producción reales). Dicho modelo será de gran ayuda para realizar tanto el análisis como las pruebas necesarias. Para este fin utilizaremos un juguete armable de la figura 4, que busca emular los movimientos del sistema que se va a automatizar. El bosquejo de nuestro sistema es el que se muestra en la figura 5.

Figura 4 - Modelado con un juguete armable de la máquina industrial.

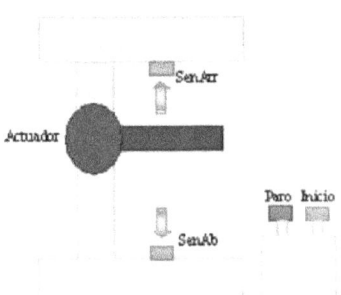

Figura 5 - Bosquejo (plano de situación) de la máquina industrial.

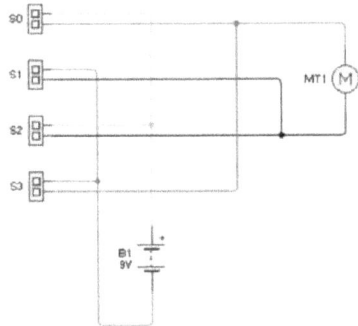

Figura 6 - Conexión del actuador en las terminales de salida del PLC.

Del bosquejo de la figura 5 se observan cuatro elementos que son de entrada (dos sensores y dos botones) y un elemento que se debe conectar a la salida (actuador). Para una mejor comprensión sobre la clasificación de éstos (sensores y actuadores) refiérase al capítulo 4 (Sensores y Actuadores típicos que se emplean con PLC's).

El elemento actuador para el caso del sistema real será un motor trifásico de VCA, en el cual, para invertir su sentido de giro, se intercambian las fases con las cuales es alimentado el motor. Para el caso del modelo que utilizaremos, la inversión del giro se hará de manera similar, ya que en esta situación se contará con un motor de VCD el cual, para cambiar su sentido de giro, es necesario invertirle la polaridad, como se muestra en la Figura 6. De acuerdo a lo dicho en las líneas anteriores (tanto para el motor de VCA como para el de VCD) el actuador requiere utilizar cuatro salidas del PLC.

En la Figura 6 se muestra el diagrama de conexión de los contactos de salida, y para una mejor comprensión se iluminan con colores diferentes los "cables", y por lo tanto, las líneas de conexión rojas se hacen llegar a la terminal positiva del motor, las líneas de conexión negras se relacionan a la terminal negativa del motor, las líneas de conexión verdes se colocan a la terminal positiva de la fuente de poder y finalmente las líneas de conexión azules se enlazan a la terminal negativa de la fuente de alimentación.

Para contar con una identificación rigurosa de todos los elementos externos al PLC, que pueden ser tanto sensores, actuadores como botones, se elabora una tabla de ellos asignándoles una etiqueta que los identifique, incluyendo su descripción de una manera concisa. La distribución de las terminales de entrada y de salida del PLC se muestra en la tabla 1, ya relacionadas con los sensores y actuadores.

Tabla 1 Relación de terminales de salida y entrada del PLC.

Contacto	Etiqueta	Descripción
E0	SenAb	Sensor de Abajo
E1	SenArr	Sensor de Arriba
E2	Inicio	Botón de Inicio
E3	Paro	Botón de Paro
S0	Arriba0	Hacia Arriba
S1	Abajo1	Hacia Arriba
S2	Abajo2	Hacia Abajo
S3	Abajo3	Hacia Abajo

Es necesario relacionar las etiquetas que se emplean en el desarrollo del programa con los correspondientes contactos físicos del PLC, los cuales pueden ser de entrada ó de salida, por lo que de acuerdo con la tabla 1 se tiene para cada etiqueta un contacto del PLC. Observe detenidamente la Figura 7.

De la figura 7 observamos que cada switch ó cada salida representan un interruptor de un sensor ó botón, y que cada salida representa la activación de algún comando de control hacia un actuador, según sea el caso.

En resumen, para implementar la solución necesaria se observa que, de acuerdo a las características del sistema que será automatizado, se requieren cuatro en-

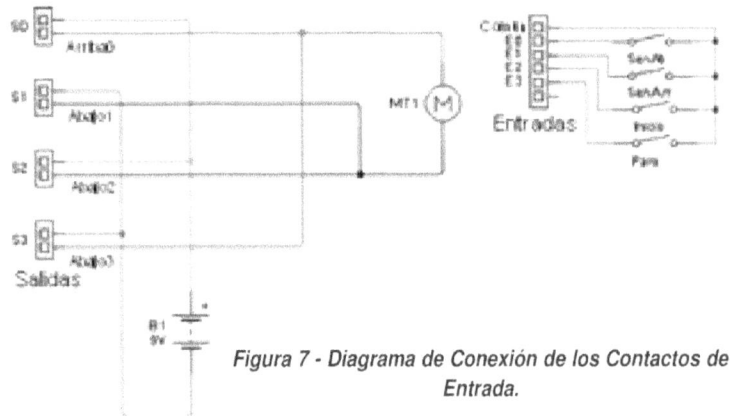

Figura 7 - Diagrama de Conexión de los Contactos de Entrada.

CONTROL LOGICO PROGRAMABLE

tradas (E0, E1, E2, E3) y cuatro salidas (S0, S1, S2, S3).

La programación del PLC se implementa utilizando las etiquetas que representan tanto a las entradas como a las salidas, ordenadas de acuerdo a las funciones lógicas mediante el Lenguaje en Escalera, cuyas funciones básicas fueron descritas en el capítulo 6 "Funciones Lógicas de un PLC".

Para la elaboración del programa que controlará al PLC, existen diversos caminos, pero en esta ocasión abordaremos el "método" llamado Forma Intuitiva de Programación. Esta manera de diseñar el programa del PLC es la menos recomendable, ya que necesitamos poseer mucha experiencia como para tener la visión de los aspectos que deben ser tomados en cuenta. Uno de los métodos de programación recomendables para programar un PLC está basado en la utilización de tablas de programación, y es el que abordamos en este libro, en el capítulo 8. De hecho, invitamos a que la Programación mediante la utilización de tablas sea el camino que adopten todos los programadores de PLC, ya que bajo este método se tienen contempladas todas las variables que influirán en el proceso de automatización.

Regresando al tema que nos ocupa en el presente capítulo, desarrollaremos un ejercicio en el cual recurriremos al método no recomendado (pero es útil a manera de ejemplo) que es el "intuitivo", y que en esta ocasión, por tratarse de un proceso sencillo, no se requiere el empleo de una tabla de programación.

El primer paso en la automatización es controlar el encendido del sistema, por lo que para que se registre el estado de encendido es necesario que el botón de Inicio (E2) haya sido activado Y que la Bandera de Paro "BanParo" (M1) NO esté activada, para lo cual se usa un contacto normalmente abierto en E2 y uno normalmente cerrado para M1. Ambos están relacionados mediante una función AND. Lo citado en este párrafo se resume en el primer escalón del programa en el Lenguaje en Escalera (vea la figura 8).

La bandera de paro "BanParo" (M1) fue creada como un registro que refleja la activación física del botón de Paro.

En la figura 8 se observa que E2 está conectado en forma paralela al contacto M0, que representa un estado de memoria temporal. Esta condición es necesaria para mantener el estado de encendido del sistema, pues el operador presiona el botón de Inicio (E2) sólo por un instante, lo que provocaría que el sistema se encienda únicamente en ese breve instante. Cabe aclarar que el contacto identificado como M0 es un reflejo de la activación de la Marca "BanInicio" (M0), y en adelante los contactos que sean empleados como elementos de memoria temporal cumplen con la tarea de conservar activa su Marca correspondiente. Una vez que fue activada la Bandera de Inicio (M0), como paso siguiente se establece la medida de seguridad que indica que la posición inicial del mecanismo es la inferior, por lo que ahora se debe fijar lo necesario para que se presente el movimiento hacia arriba por parte del mecanismo, de acuerdo a lo siguiente: inicialmente es indispensable asegurarnos que el sensor que detecta que el mecanismo se encuentra en la posición inferior "SenAb" (E0) esté activado Y que el sensor que detecta que el mecanismo se encuentra en la posición superior "SenArr" (E1) no se encuentre accionado. Adicionalmente también debe estar activada la Bandera de Inicio (M0), y finalmente el botón de Paro (E3) no debe estar accionado. Todas estas condiciones se establecen con una función AND. Ver figura 9.

Cuando comienza a desplazarse el mecanismo hacia arriba, deja de accionarse el sensor "SenAb" con lo que deja de cumplir la condición descrita en el pá-

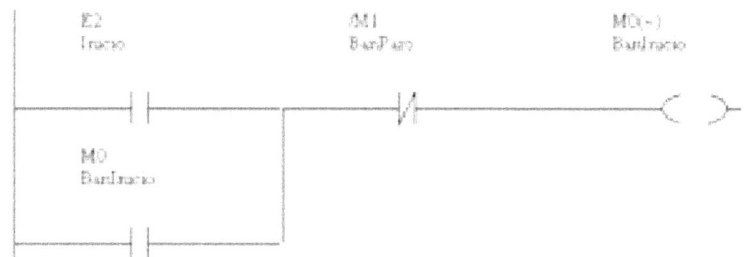

Figura 8 - Condiciones del escalón 1 del programa para el PLC.

Figura 9 - Condiciones del escalón 2 del programa para el PLC.

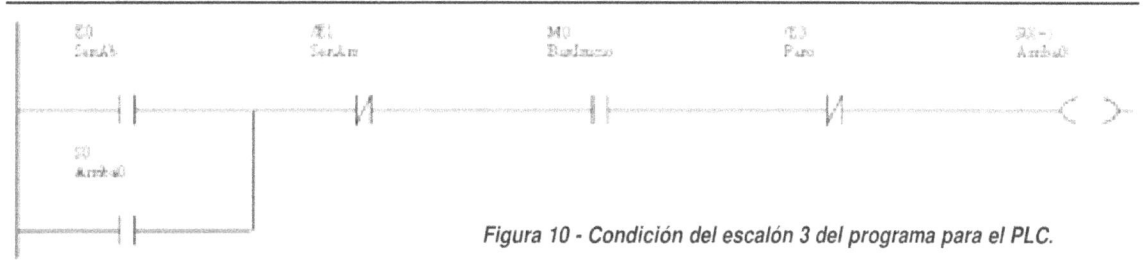

Figura 10 - Condición del escalón 3 del programa para el PLC.

Programación Intuitiva de un PLC

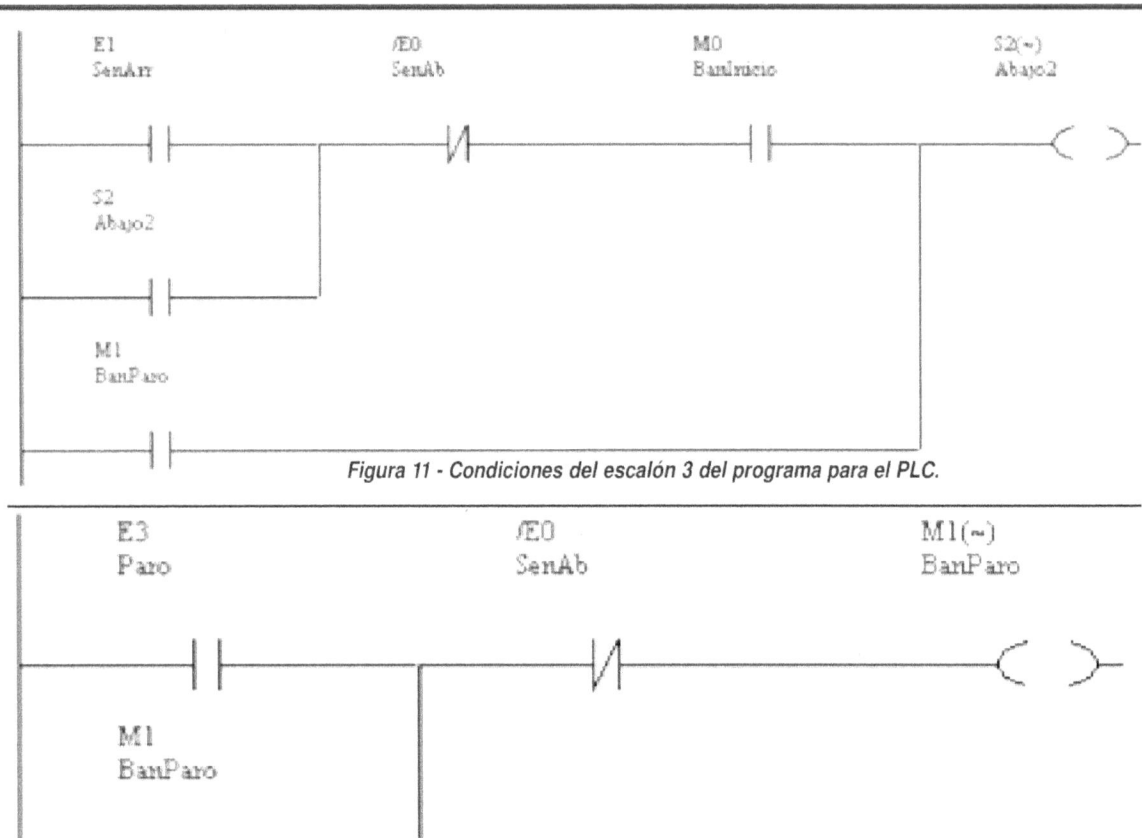

Figura 11 - Condiciones del escalón 3 del programa para el PLC.

Figura 13 - Condiciones del escalón 5 del programa para el PLC.

rrafo anterior, lo que provocaría que el mecanismo se detenga; por ello, es necesario desarrollar una función OR colocando la bandera Arriba0 (S0) paralelamente al "SenAb" como un registro de memoria que mantenga energizado el motor.

Como se indica en la tabla 1, los contactos S0 y S1 deben estar energizados para que el actuador (motor) se dirija hacia la parte superior del mecanismo. Cada una de las salidas S0 y S1 controla de manera independiente tanto la polaridad positiva como la negativa del motor. Por lo tanto, al activarse una (ya sea S0 o S1) debe activarse la otra, por lo que sugerimos colocar el mismo arreglo de contactos visto en la Figura 10.

Al desplazarse hacia arriba, el mecanismo llegará al límite superior del sistema, lo que provocará que se active el "SenArr", indicando que el mecanismo ahora debe desplazarse hacia abajo. Para que esto suceda debemos asegurarnos que el sensor denominado "SenArr" (E1) se active, de la misma manera tenemos que corroborar que el sensor "SenAb" (E0) no se encuentre accionado. Igualmente debe estar activada la Bandera de Inicio (M0) (Las condiciones anteriores se establecen con una fun-

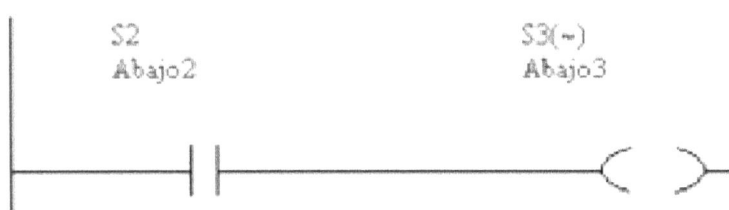

Figura 12 - Condición del escalón 4 del programa para el PLC.

Figura 14 - Implementación de una maqueta con el PLC y el mecanismo a controlar.

CONTROL LOGICO PROGRAMABLE

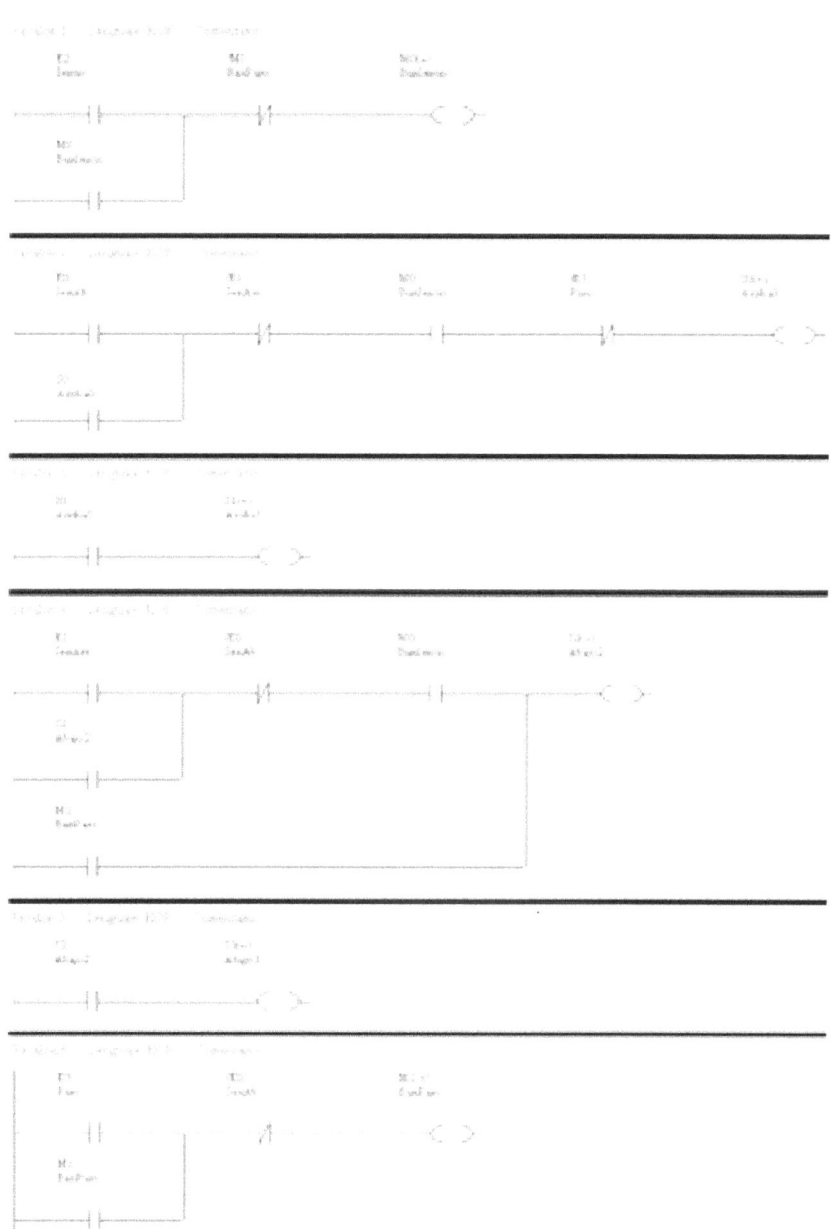

Figura 15 - Diagrama completo en Lenguaje Escalera del Ejercicio.

bandera Abajo2 (S2) en paralelo a "SenArr" como un registro de memoria para mantener energizado el motor, construyéndose una función OR.

De acuerdo a la Tabla 1, para que el actuador descienda, los contactos S2 y S3 deben estar energizados, los cuales también de forma independiente controlan la conexión tanto de la polaridad positiva como de la negativa, pero de forma inversa a como lo hacen S0 y S1. El contacto correspondiente a S2 debe estar energizado bajo la misma situación que fue energizado S3; por lo tanto, conviene colocar en base a una función AND la condición para que si S2 está energizado, del mismo modo S3 lo esté. (Ver figura 12).

Finalmente, se deben establecer las condiciones necesarias para cesar el funcionamiento del mecanismo.

Previamente debemos corroborar que el botón de Paro haya sido accionado Y que el sensor de la parte inferior "SenAb" no esté accionado, puesto que el actuador, como ya se ha mencionado, debe desplazarse hacia la posición inferior antes de desenergizarse por protección del operador. Lo anterior se resume en la figura 13.

Con la finalidad de registrar la acción de apagar el sistema, se tiene que activar físicamente el botón de Paro (E3) y, aunque el operador deje de presionarlo, su actividad debe continuar, por lo que se implementará un estado de memoria temporal conectando en forma paralela el contacto M1 con el contacto E3.

Y por último la Bandera de Paro (M1), al haber sido activada, a su vez anulará la activación de la Bandera de Inicio (M0), tal como se mostró en la figura 8 de este capítulo.. ********

ción AND); O que el botón de Paro (E3) haya sido accionado. Esta ultima condición se agrega porque en el momento de accionar el botón de Paro el sistema debe desplazarse desde la posición en la que se encuentre hacia la parte inferior, debido a que como medida de seguridad el sistema debe iniciar en la posición inferior. Así es que con la ayuda de una función OR indicaremos con el Lenguaje en Escalera que si el Botón de Paro está energizado, entonces se energice S2. Ver Figura 11.

En el instante en el que el mecanismo comienza a descender, el sensor "SenArr" se desactiva con lo que se deja de cumplir la condición descrita en el párrafo anterior, originando que el mecanismo se detenga; por ello, es necesario colocar la

Programación Intuitiva de un PLC

PROGRAMACION DEL PLC

PROGRAMACION MEDIANTE TABLAS

Programación de una entrada y una salida mediante una Tabla de Programación. Programación de las funciónes lógicas AND (Y), y OR (O) mediante una Tabla de Programación.

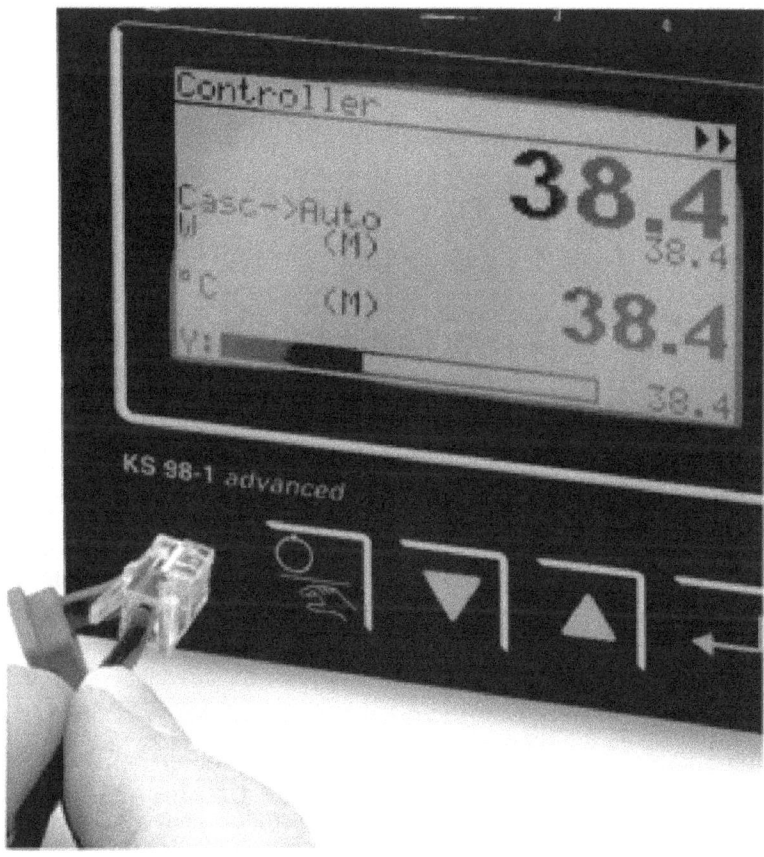

Para programar un PLC existen diversas maneras de hacerlo, y por ejemplo en el capítulo 7 abordamos la forma intuitiva de programación. En el presente capítulo trataremos un método formal de programación de un PLC. Normalmente cuando ya se cuenta con un mínimo de experiencia, por lo general recurrimos al proceso de automatización de una maquinaria industrial de manera intuitiva, la cual no es la más recomendable, debido a que en sistemas que requieren un gran número de entradas y de salidas es fácil pasar por alto alguna condición o detalle importante para el desempeño total del sistema.

Lo que se recomienda es implementar un método similar al empleado en el diseño de circuitos con compuertas lógicas, en donde se utilizan tablas de verdad constituidas por dos columnas: la primera presenta las combinaciones posibles de los estados lógicos de las entradas y la segunda las diferentes salidas para cada una de estas combinaciones. De manera similar, el método propuesto muestra en una primera columna las diversas combinaciones de entradas, igualmente en la segunda columna se anotan las salidas que producen dichas entradas; la diferencia radica en la introducción de una tercera columna en la cual se enlistan los estados de los registros de memoria (observe la tabla 1).

Empezaremos describiendo un ejemplo básico que se puede implementar mediante la tabla 1 propuesta. El ejemplo consiste en encender una lámpara cuando sea presionado un botón, y se debe apagar cuando se suelte el botón.

Cabe aclarar que existen dos tipos de accionamiento cuando se registra la activación de un botón externo: el accionamiento momentáneo y el accionamiento memorizado. En este ejemplo en particular utilizaremos el accionamiento momentáneo que consiste en un botón que al ser accionado activa el sistema, y al estar desactivado el sistema no presenta actividad. En contraparte, el accionamiento memorizado mantiene accionado al sistema hasta que se recibe la orden de paro.

Para que podamos hacer uso de la Tabla 2, en primer término debemos conocer con cuántos elementos de entrada y de salida contamos; esto es con el fin de poder asignar las terminales físicas de entrada y salida del PLC. En este ejemplo contamos con un botón con reposicionamiento automático (push botton) y una lámpara, por lo que el botón se considera como un elemento de entrada y se debe relacionar con una de los terminales de entrada con las que cuenta el PLC. La lámpara se clasifica como un elemento de salida por lo que se debe conectar a una de las terminales de salida con que cuenta el PLC. De lo mencionado anteriormente, al botón lo rela-

Programación Mediante Tablas

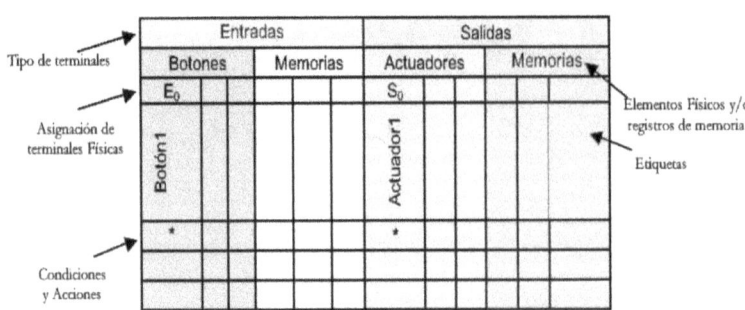

Tabla 1 - Tabla de programación.

cionamos con la entrada física E0 y la lámpara con la salida S0, las cuales se muestran en sus lugares respectivos en la Tabla 2. El elemento E0 como se puede apreciar en la Tabla anterior se encuentra en el campo denominado "Asignación de Terminales Físicas" de Entrada. El elemento S0 se observa en la misma Tabla dentro del campo llamado "Asignación de Terminales Físicas" de Salida.

Por otra parte se deben crear etiquetas con la finalidad de tener un punto de referencia entre los terminales físicos del PLC y los símbolos que se emplean para su programación. Es importante que el nombre que se le asigne a dicha etiqueta simbolice la idea que representa el elemento externo o interno al cual se hace referencia.

Continuando con el llenado de la Tabla 2, en la entrada física E0 se tiene conectado un botón, por lo que la Etiqueta que asignaremos será la de "Botón" como aparece en el campo llamado "Etiqueta" del área de Entradas. La salida física S0 tendrá la conexión de la lámpara por lo que la Etiqueta que sugerimos es "Lámpara", que de igual manera aparece en el campo correspondiente, pero ahora en el área de las Salidas.

Una vez que se ha seleccionado una terminal física del PLC, ya sea de entrada o de salida, y también haberla relacionado con una etiqueta, procedemos a la programación de la lógica de una manera formal, para lo cual se recomienda que se haga lo siguiente:

"Identificar la salida que será activada colocando un símbolo en la casilla correspondiente a ésta".

Decidir la forma en la que se marcarán las condiciones, ya sea momentánea o memorizada.

Marcar con un símbolo las casillas de las condiciones que se requieren para accionar la salida seleccionada en el paso 1.

Los símbolos que emplearemos para todos nuestros ejemplos serán definidos de la siguiente manera: para accionamiento momentáneo se utilizará " * " ó " = ", y para accionamiento memorizado usaremos " # ".

Programación de una Entrada y una Salida Mediante una Tabla de Programación

En nuestro ejemplo ilustrado en la tabla 2 implementaremos el tipo de accionamiento momentáneo y por lo tanto para indicar cuando se encienda la lámpara se deberá marcar con un * la casilla corresponde a la salida S0. La condición para encender la lámpara es por medio del accionamiento del botón y por lo tanto se ubica un * en la entrada correspondiente donde se encuentra conectado, que es E0. Recordemos que empleando accionamiento momentáneo lo que ocurrirá es que cuando esté activado el botón, se encenderá la lámpara y cuando esté desactivado, se apagará.

La implementación del ejemplo descrito a lo largo del presente capítulo en el Lenguaje en Escalera, es la que se muestra en la figura 1.

Figura 1 - Escalón resultante de la tabla 2, con la entrada E0 desactivada.

Como se puede observar en la figura 3, para representar el botón se utilizó un contacto normalmente abierto, el cual hace referencia a la entrada física E0 que acciona mientras esté activado a la Salida S0, la cual enciende la lámpara, como se muestra en la figura 2.

Figura 2 - Escalón resultante de la tabla 2, con la entrada E0 activada.

Entradas		Salidas	
Botones	Memorias	Actuadores	Memorias
E₀		S₀	
Botón		Lámpara	
*		*	

Tabla 2 - Tabla del encendido de una lámpara con accionamiento momentáneo.

CONTROL LOGICO PROGRAMABLE

Figura 3 - Con la entrada desactivada se apaga la lámpara.

Figura 4 - Con la entrada activada se enciende la lámpara.

Entradas				Salidas			
Botones		Memorias		Actuadores		Memorias	
E_0	E_1			S_0			
Botón1	Botón2			Lámpara			
*	*			*			

Tabla 3 - Tabla del encendido de una lámpara mediante la función AND con accionamientos momentáneos.

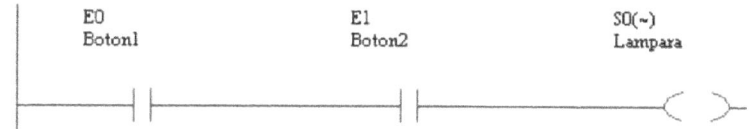

Figura 5 - Escalón resultante de la tabla 7.3, con las entradas E0 y E1 desactivadas.

Figura 6 - Escalón resultante de la tabla 7.3, con la entrada E0 activada y E1 desactivada.

Figura 7 - Escalón resultante de la tabla 7.3, con la entrada E0 desactivada y E1 activada.

Figura 8 - Escalón resultante de la tabla 7.3, con las entradas E0 y E1 activadas.

En las figuras 3 y 4 se muestra el funcionamiento del PLC en conjunto con el botón y la lámpara.

Programación de la Función Lógica AND (Y) Mediante una Tabla de Programación

El siguiente ejemplo involucra una función AND, por lo que se requiere que una lámpara sea encendida sí y sólo sí, dos botones que tendrá el ejemplo estén siendo pulsados. La implementación a través de la tabla de programación se muestra a continuación en la tabla 3.

Si observa la tabla 3 y la compara con la tabla 2, se puede identificar que a diferencia de la tabla 2 en ésta se tienen dos botones cada uno conectado a una entrada física diferente del PLC: E0 y E1; por lo que les asignaremos dos Etiquetas diferentes "Botón1" y "Botón2" las cuales aparecerán en el campo llamado "Etiqueta" del área de Entradas. La conexión de la lámpara estará en la salida física S0 y se le asignará la etiqueta de "Lámpara".

En la tabla 3 se muestran activados de manera momentánea los Botones de entrada y el actuador de salida, así que se deberán marcar con un * las casillas correspondientes. Ahora se cuentan con dos condiciones para encender la lámpara: una es que este accionado el Botón 1 y la segunda es que esté accionado el Botón 2, por lo tanto se ubica un * en la entrada correspondiente a E0 y otro en la entrada correspondiente a E1. Si alguno de los dos botones no está accionado, la lámpara se apagará, tal como ejemplifican las figuras 5, 6, 7 y 8.

Como se puede apreciar, el orden que guardan los contactos relacionados con E0 y E1 en el Lenguaje en Escalera

43

Programación Mediante Tablas

Figura 9 - Lámpara apagada por la condición Y (AND) resultante de la figura 5.

Figura 10 - Lámpara apagada por la condición Y (AND) resultante de la figura 6.

Figura 11 - Lámpara apagada por la condición Y (AND) resultante de la figura 7.

Figura 12 - Lámpara encendida por la condición Y (AND) resultante de la figura 8.

tienen una relación directa con la ubicación de los *'s de la tabla.

En la figura 9 se muestra gráficamente lo que se describió en la respectiva figura 5, y de igual manera en la figura 10 se puede visualizar el accionamiento del Botón 1 (entrada E0) tal como se representa en la figura 6, y así sucesivamente con las figuras 11 y 12.

Programación de la Función Lógica OR (O) Mediante una Tabla de programación

A continuación veremos la función OR implementada con una lámpara que debe estar encendida cuando se presione uno, otro o ambos botones que la controlan. La tabla correspondiente a este ejemplo se identifica como tabla 4.

Al igual que en el ejemplo anterior, se contará con dos botones conectados a las entradas físicas del PLC: E0 (cuya etiqueta es Botón1) y E1 (cuya etiqueta es Botón2). La salida física S0 hará referencia a la lámpara y se le asignará la etiqueta con el mismo nombre.

De la misma manera se utilizará el tipo de accionamiento momentáneo, por lo que con un * se marcará la casilla que corresponde a la salida S0 para indicar el encendido de la lámpara. Se cuentan ahora con tres maneras para el encendido de la lámpara: una es que esté accionado el Botón 1, la segunda es que esté accionado el Botón 2, o ambas; por lo tanto, se ubica un * en la entrada correspondiente a E0, otro en la entrada correspondiente a E1, y uno en ambos. Si

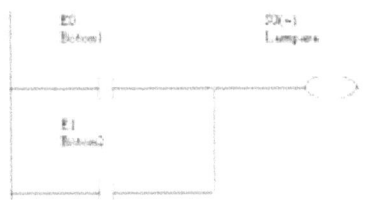

Figura 13 - Escalera resultante de la tabla 4, con las entradas E0 y E1 desactivadas.

alguno de los dos botones está accionado, bastará para que encienda la lámpara como se observa en las figuras 13, 14, 15 y 16.

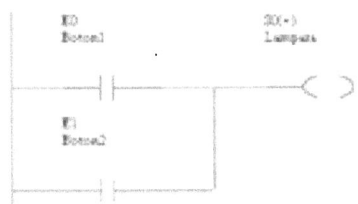

Figura 14 - Escalera resultante de la tabla 4, con la entrada E0 activada y E1 desactivada.

Figura 15 - Escalera resultante de la tabla 4, con la entrada E0 desactivada y E1 activada.

Figura 16 - Escalera resultante de la tabla 4, con las entradas E0 y E1 activadas.

Entradas				Salidas			
Botones		Memorias		Actuadores		Memorias	
E_0	E_1			S_0			
Botón1	Botón2			Lámpara			
*				*			
	*			*			

Tabla 4 - Tabla del encendido de una lámpara con la función OR y accionamiento momentáneo.

CONTROL LOGICO PROGRAMABLE

El resultado de las figuras 13, 14, 15, y 16 sobre algo físico se muestra a continuación a través de las Figuras 17, 18, 19 y 20 respectivamente.

Figura 17 - Lámpara apagada por la condición O (OR) resultante de la fig. 13.

Figura 18 - Lámpara encendida por la condición O (OR) resultante de la figura 14.

Figura 19 - Lámpara encendida por la condición O (OR) resultante de la figura 15.

Figura 20 - Lámpara encendida por la condición O (OR) resultante de la figura 16.

Ya que tenemos el programa en Lenguaje Escalera, es necesario realizar las conexiones físicas de los botones en los contactos de entrada y del elemento actuador, que es nuestra lámpara, en una salida del PLC. Para que observe la manera en que se encontrará vea la figura 21. **************

Figura 21 - Diagrama de conexión de los terminales de entrada.

Figura 22 - Diagrama de conexión del terminal de salida.

45

CONOZCA HERRAMIENTAS COMPLEMENTARIAS

HERRAMIENTAS, PROGRAMACION Y UN EJEMPLO PRACTICO - I

Empleo de la Salida Memorizada. Empleo del Temporizador. Mando bimanual.

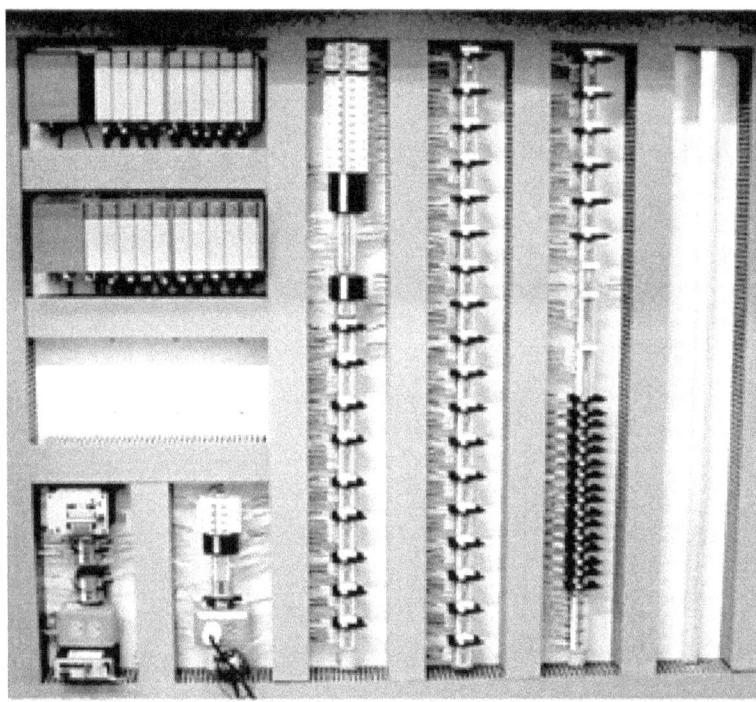

En el capítulo 8 "Programación Mediante Tablas" trabajamos con el tipo de accionamiento momentáneo; por lo tanto, en esta sección emplearemos el tipo de accionamiento memorizado aplicándolo a un ejemplo típico que se emplea con mucha frecuencia en automatización industrial, y que se lo conoce con el nombre de Mando Bimanual, el cual trataremos más adelante en este mismo capítulo.

En primera instancia describiremos los detalles del accionamiento memorizado para el cual se empleará el siguiente símbolo -(A)-, que es el que se encarga de la activación memorizada, ya sea de una salida física o una salida interna (marca o registro) y mediante el símbolo -(D)- se desactiva la salida física o marca que fue accionada anteriormente.

El accionamiento memorizado, una vez que es activado, mantiene accionado al sistema hasta que se recibe la orden de desactivación. Para ejemplificar lo descrito veamos las siguientes figuras: si el operador presiona el botón de encendido, observe la figura 2 y si lo suelta vea la figura 3. El sistema estará activado desde ese momento hasta que el operador presione el botón de apagado (figura 4).

Figura 1 - Estado inicial del accionamiento memorizado.

Figura 2 - Botón de encendido que activa la salida memorizada.

Figura 3 - Se mantiene activada la salida memorizada.

Figura 4 - Botón de apagado que desactiva la salida memorizada.

Tabla A	
Referencia	Símbolo
Accionamiento Momentáneo Negado	Δ
Activación del Accionamiento Memorizado	#
Desactivación del Accionamiento Memorizado	1

Herramientas, Programación y Ejemplos - I

Anteriormente establecimos que el símbolo para el accionamiento momentáneo utilizado en nuestros ejemplos es "*". Para el presente ejemplo será necesario la introducción de tres nuevos símbolos, los cuales se enlistan en la tabla A.

Empleo del Temporizador

Para que pueda desarrollarse el Mando Bimanual se requiere utilizar un Temporizador, el cual lo tomaremos de uno de los que tenga el PLC que empleamos para este ejercicio. Para accionar al temporizador, es necesario hacerlo por medio de un contacto normalmente abierto tal como se indica en la figura 5.

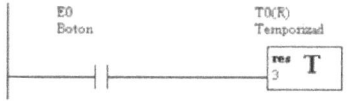

Figura 5 - Activación de un temporizador.

Cuando se activa el temporizador T0 su reloj interno comienza a decrementarse desde el valor que se haya fijado (observe la figura 6). El valor que se le asigne al temporizador se encuentra en segundos, y para este ejemplo se le ha fijado un valor de 3 segundos; por lo tanto, ése es el tiempo que transcurrirá al irse decrementando hasta el valor de cero segundos. Cuando el contador del Temporizador llega a cero, se refleja la actividad de éste a través del contacto normalmente abierto T0 y se activa la salida S0, tal como se muestra en la figura 7.

Una vez que hemos abordado la teoría de operación de las herramientas: "Salida Memorizada" y "Temporizador", ahora procederemos a darles una utilidad práctica para que en conjunto nos sean útiles, por lo que a continuación procederemos a escribir el funcionamiento del Mando Bimanual.

Mando Bimanual

El Mando Bimanual es un conjunto de instrucciones y comandos que tienen como objetivo el de proteger a la persona que se encuentre al frente de un proceso de transformación (operador) de posibles accidentes laborales con maquinaria industrial que puede poner en riesgo la integridad física del operador. Por lo tanto, se requiere que mantenga ambas manos ocupadas en la activación del sistema y en consecuencia tenga la totalidad de su cuerpo fuera de la zona de riesgo. Por ejemplo, el Mando Bimanual se puede instalar para controlar una máquina de estampado de láminas que pueden ser tanto de acero como cartón, en la cual el operador tiene que colocar manualmente dichas láminas (observe la figura 8). Tomando en cuenta esta circunstancia, las manos y brazos del operador corren un gran riesgo, ya que el pistón que realiza el estampado puede descender en cualquier instante mutilando al operador. Como ya se mencionó, el mando bimanual tiene la misión de proteger las extremidades del operador, ya que tiene implementado un sistema de seguridad a base de oprimir 2 botones, que accionándolos a la vez tienen la capacidad de poder generar una orden o mando de acuerdo a lo que se describe en la tabla 1.

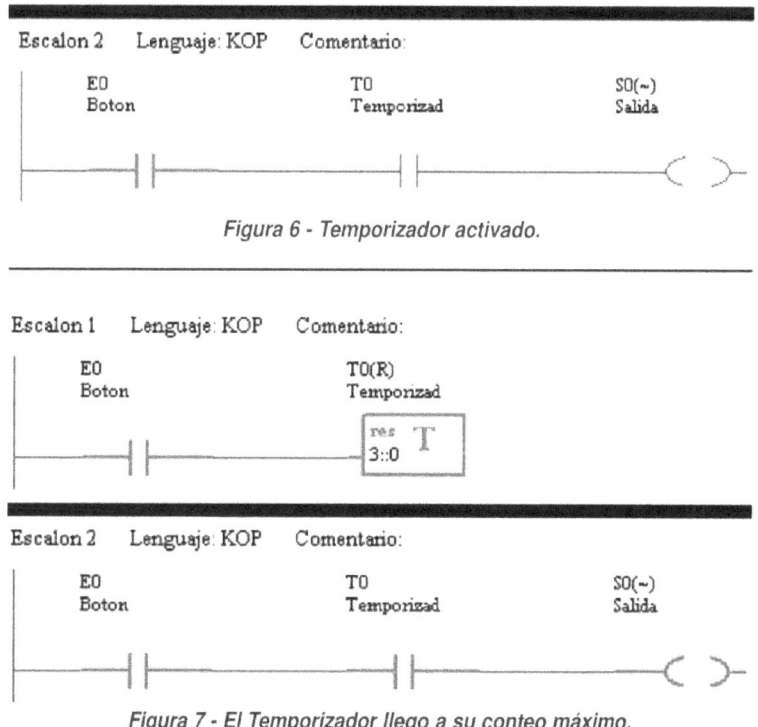

Figura 6 - Temporizador activado.

Figura 7 - El Temporizador llego a su conteo máximo.

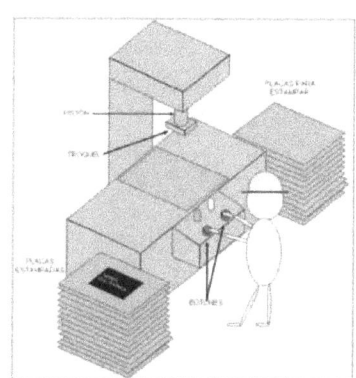

Figura 8 - Máquina de Estampado con Mando Bimanual.

CONTROL LOGICO PROGRAMABLE

En la tabla 1 el área de las entradas cuenta con 2 botones de reposición automática (push button) los cuales, para que se autorice una acción válida de algún proceso, los debe oprimir el operador al mismo tiempo (Fila 3). Al accionar de forma independiente cualquiera de los 2 botones, se activa un temporizador, el cual consideraremos como una memoria temporizada (activada por un intervalo de tiempo), cuyo contacto será T0 y se le asignará la etiqueta de "Temporizad". El tiempo máximo del temporizador se recomienda que sea de 1 segundo (a mayor tiempo no se garantiza la integridad física del operador). Si al término de este tiempo no se ha activado el segundo botón, el PLC inhabilitará la generación del mando, aun cuando se presione el botón que hacía falta.

Este modo de operación traerá como resultado que el operador deba tener ambas manos fuera del proceso, porque de otra forma no tiene posibilidad de accionar los 2 botones al mismo tiempo. Una vez que los botones hayan sido manipulados al mismo tiempo, o con una diferencia máxima de 1 segundo entre botón y botón (además de mantener ambos botones pulsados), el sistema estará en posibilidades de generar un mando que se traduzca en una acción, y en el momento que suelte cualquiera de los 2 botones el circuito desactivará el mando que se había generado, esperando a que los 2 botones se encuentren en estado de reposo para iniciar un nuevo ciclo (equivale a un reset).

Como actuadores, o elementos de salida, tendremos en primer término la Bandera del PLC identificada como M0 y a las lámparas conectadas a las Terminales S0 y S2 que llevan por etiqueta Lámpara 1 y Lámpara 2. Al cumplirse las condiciones de las entradas, se provocará que el pistón descienda hasta la lámina que se va a rotular y se enciendan al mismo tiempo las lámparas.

Debido a que no todos tenemos acceso a una máquina de estampado, en lugar de ésta utilizaremos el juguete armable que se muestra en la figura 9, que por su diseño se basa en una maquinaria real. Dicho modelo (juguete) será de gran ayuda para realizar tanto el análisis como las pruebas necesarias.

Por otra parte, también se tiene que hacer un bosquejo del sistema que se está automatizando, y para este ejemplo es el que se muestra en la Figura 10.

De la tabla 1 se observa lo siguiente:

Fila 1 y 2. El Temporizador se acciona iniciando una cuenta regresiva de tiempo, al ser oprimido el botón 1 (Fila 1) relacionado con la Entrada Física del PLC E2 "0" al ser oprimido el botón 2 relacionado con la Entrada Física del PLC E3 (Fila 2). En lenguaje Escalera estas actividades se resumen en los escalones de la figura 11.

Figura 9 - Modelo en base a un Juguete armable.

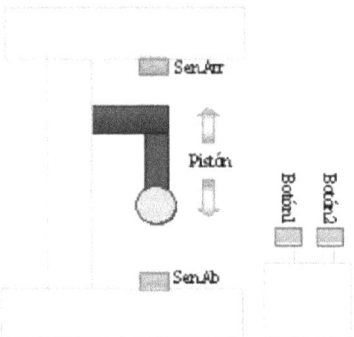

Figura 10 - Bosquejo del sistema.

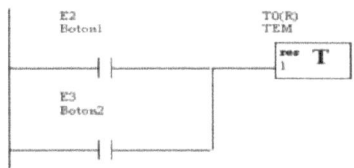

Figura 11 - Filas 1 y 2 del programa de la tabla 1.

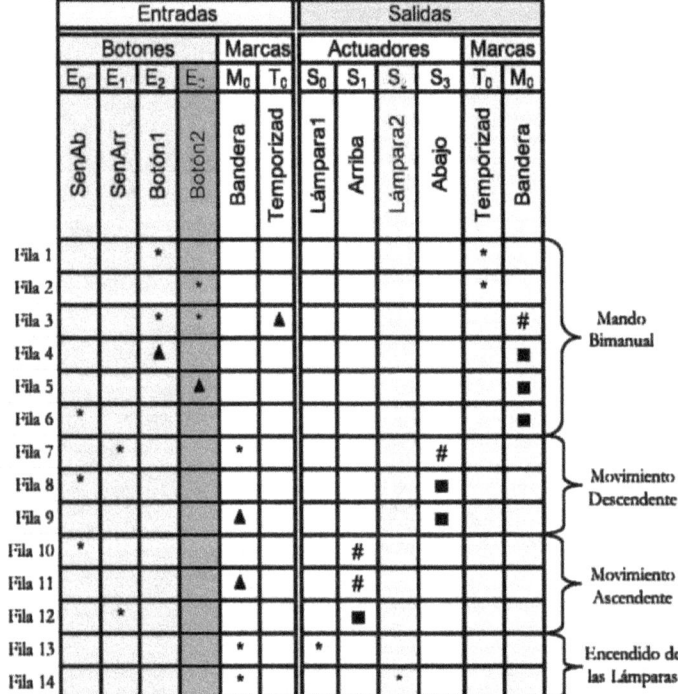

Tabla 1 - Implementación del Mando Bimanual mediante tablas.

Herramientas, Programación y Ejemplos - I

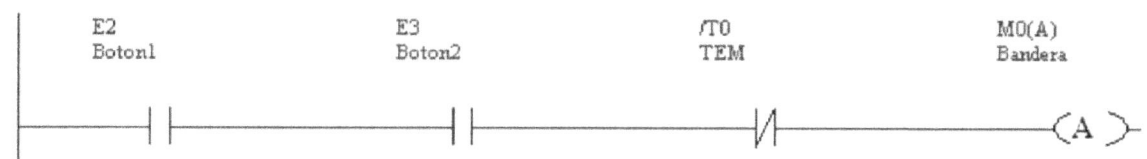

Figura 12 - Fila 3 del programa de la tabla 1.

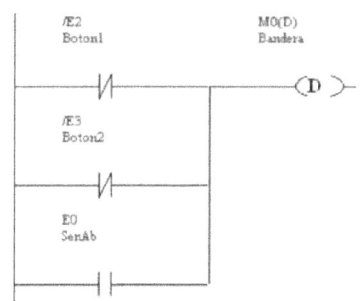

Figura 13 - Filas 4,5 y 6 del programa de la tabla 1.

Fila 3. El botón 1 "Y" el botón 2 "Y" la desactivación del Temporizador en conjunto accionan a la Bandera considerada como la marca M0. Observe la figura 12.

Fila 4, 5 y 6. La Bandera se desactivará cuando no esté siendo pulsado el Botón 1 (Fila 4) "O" el Botón 2 (Fila 5) "O" cuando se active el Sensor Inferior (Fila 6) relacionado con la Entrada Física del PLC E0, lo cual se puede observar en la figura 13.

Fila 7. Se comenzará el movimiento descendente, energizando la salida S3 cuando el Sensor Superior relacionado con la Entrada Física E1 sea accionado "Y" la Bandera esté activada relacionado con la marca M0, tal como se muestra en la figura 14.

Fila 8 y 9. Será desenergizado el motor que produce el movimiento descendente, desactivando la salida S3 cuando el Sensor Inferior, relacionado con la Entrada Física E0, sea accionado, "O" cuando la Bandera M0 sea desactivada. Observe la figura 15.

Fila 10 y 11. El motor que produce el movimiento ascendente será energizado mediante la salida S1 cuando el Sensor Inferior E0 sea accionado, "O" la Bandera M0 sea desactivada, tal como se ilustra en la figura 16.

Fila 12. Será desenergizado el motor responsable del movimiento ascendente cuando el Sensor Superior E1 sea accionado. Vea la figura 17.

Fila 13. La lámpara 1 se encenderá cuando la Bandera M0 esté activada. Observe la figura 18.

Fila 14. La lámpara 2 se encenderá cuando la Bandera M0 esté activada, como se puede apreciar en la figura 19.

Se recomienda que observen las figu-

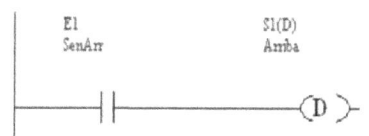

Figura 17 - Fila 12 del programa de la tabla 1.

Figura 18 - Fila 13 del programa de la tabla 1.

Figura 19 - Fila 14 del programa de la tabla 1.

Figura 20 - El mecanismo se encuentra en el punto inicial (parte superior) y aún no ha sido activado el mecanismo.

Figura 21 - Se ha presionado el Botón 1 pero el mecanismo aún se encuentra en el punto inicial (parte superior).

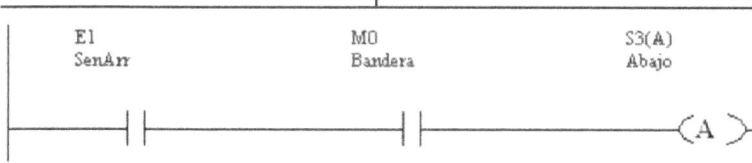

Figura 14 - Fila 7 del programa de la tabla 1.

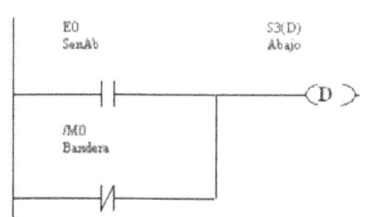

Figura 15 - Filas 8 y 9 del programa de la tabla 1.

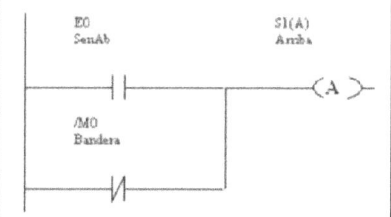

Figura 16 - Filas 10 y 11 del programa de la tabla 1.

CONTROL LOGICO PROGRAMABLE

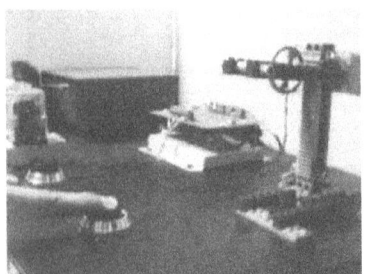

Figura 22 - Se ha presionado el Botón 2 pero el mecanismo aún se encuentra en el punto inicial (parte superior).

Figura 24 - El mecanismo llega a la parte inferior pulsando el Sensor Inferior, las lámparas se apagan y el mecanismo continúa su movimiento superior.

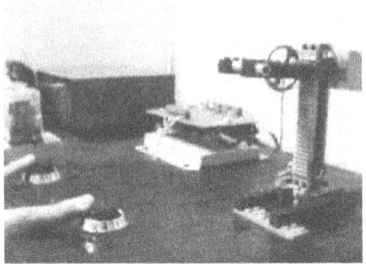

Figura 26 - El mecanismo llega al punto inicial tocando el sensor superior, y por ende apagándose el mecanismo.

Figura 23 - Se presionan el Botón 1 y el Botón 2 simultáneamente, se encienden las lámparas y el mecanismo comienza a descender.

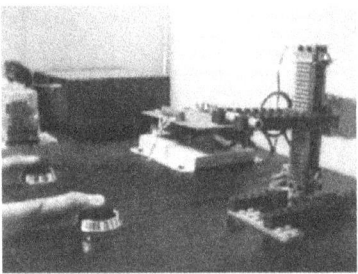

Figura 25 - El mecanismo continúa ascendiendo.

ras a partir de la 20 para que analicen de una manera gráfica la operación del ejemplo que se ilustra en este capítulo y para que también lo puedan reproducir.

A continuación, en el próximo capítulo 10, veremos algunas herramientas complementarias de programación y un ejemplo práctico que, sin dudas, le serán de gran utilidad para sus futuros emprendimientos. ************

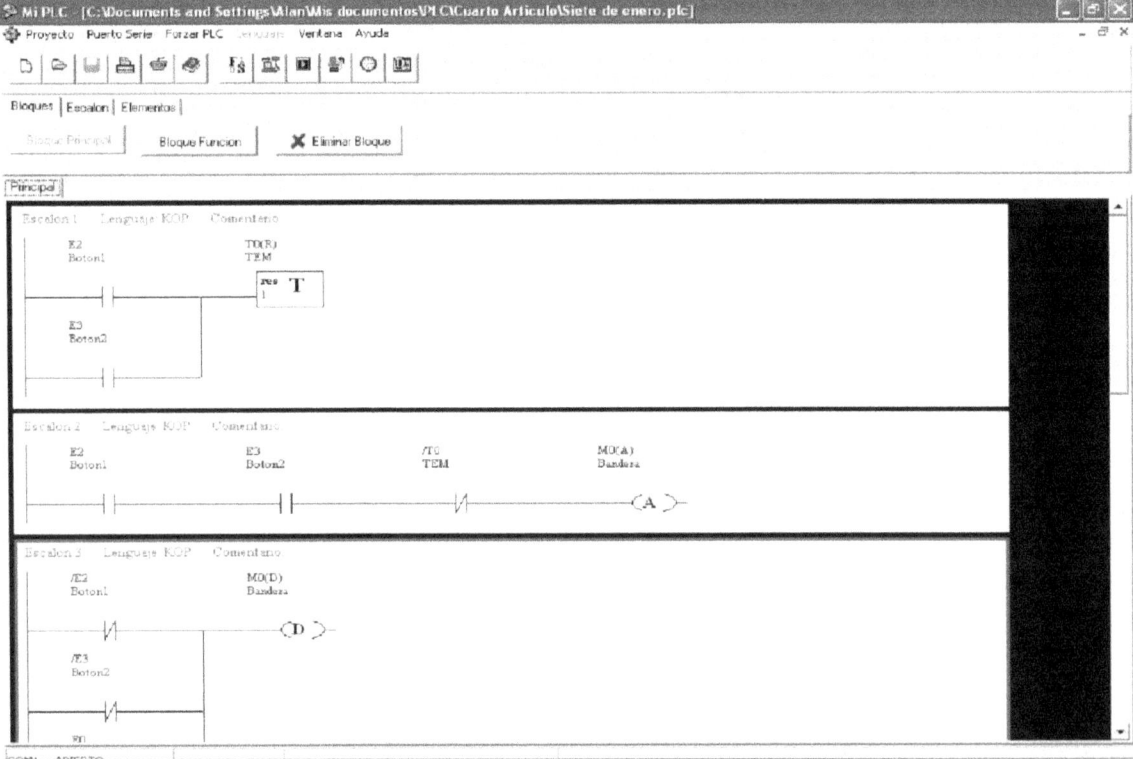

Figura 27 - Vista del entorno de programación del PLC.

CONOZCA HERRAMIENTAS COMPLEMENTARIAS

HERRAMIENTAS, PROGRAMACION Y UN EJEMPLO PRACTICO - II

Empleo del contador. Banda transportadora.

Existen diversos procesos industriales donde se tiene que ir transportando el producto en sus diversas etapas de manufactura, para lo cual se requiere necesariamente de una banda transportadora, que es precisamente la encargada de realizar el desplazamiento de un punto a otro del producto que se está fabricando.

Una banda transportadora la podemos encontrar en diversos procesos industriales, pero siempre cumple con la misma tarea, que es la de ir desplazando diversos productos o materiales. Por lo mencionado anteriormente, una banda transportadora la podemos encontrar, por ejemplo, en: Línea de armado de vehículos, en una planta embotelladora, en una planta farmacéutica para transportar las diversas sustancias e inclusive en un aeropuerto por donde nos entregan el equipaje, etc.

Puesto que no todos tenemos acceso a maquinaria industrial, emplearemos un modelo a escala tal como el que se ilustra en la figura 2 que, como en el capítulo 9, tenga la misión de emular el funcionamiento del sistema a automatizar, que en este caso se trata de la banda transportadora de tortillas de la figura 1.

Empleo del Contador

Para la implementación de la Banda Transportadora se requiere utilizar un Contador el cual lo tomaremos de uno de los que tiene el PLC que empleamos para este ejercicio. En primera instancia, es necesario realizar la activación del contador por medio de la acción de un contacto. Existen dos formas de activar a los contadores del PLC, que a continuación se enlistan:

a) Una es por medio de una condición resultado del proceso.

b) La otra es en la cual el propio contador se activa y desactiva a sí mismo.

Procedamos a explicar la primera forma de activación del contador. En ésta, el contacto a utilizar es normalmente abierto, y es accionado como resultado de un proceso o como reflejo de la manipulación física de un botón. Se le asignará la etiqueta de Activación, pues es la que mejor describe su funcionamiento. Observe la figura 3.

La segunda opción que tenemos para activar al contador es mediante un contacto normalmente cerrado, el cual corresponde a un contacto que proporciona el mismo contador, es decir se trata de una salida interna por lo que el contacto lleva la misma etiqueta que el Contador, tal como se indica en la figura 4.

Herramientas, Programación y Ejemplos - II

Una vez descritas las formas de activación del contador, ahora continuamos con el proceso de conteo. Se requiere introducir un contacto más, en este caso utilizaremos un contacto normalmente abierto que, cada vez que es presionado el botón físico correspondiente, el contador se incrementa en una unidad; las figuras 5, 6, 7 y 8 describen lo antes mencionado. Y así se continúa sucesivamente hasta llegar al límite establecido por el programador. Cabe mencionar que para el buen funcionamiento del contador es necesario "pulsar" y "soltar" el botón, ya que si se deja en una posición fija (ya sea pulsado o suelto) el contador permanecerá fijo sin cambio. Para este ejemplo, el límite de conteo establecido es 3. Si estamos trabajando de acuerdo al método del inciso a), cuando el contador llega al límite establecido el reset del contador entra en funcionamiento, deteniendo la cuenta (vea la figura 9) por lo cual es necesario desenergizar y volver a energizar el contacto de Activación (del cuál se habló en líneas anteriores) para que regrese a cero el contador (vea la figura 10).

Cuando el contador llega a su límite se refleja la actividad de éste a través del contacto normalmente cerrado C0, lo que activa al Reset, tal como se mues-

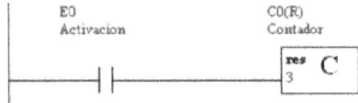

Figura 3 - Habilitación del contador (opción 1).

Figura 4 - Habilitación del contador (opción 2)

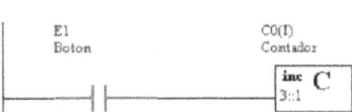

Figura 5 - Al presionar el botón de la entrada E1 se incrementa en 1 el conteo.

Figura 6 - Se suelta el botón para preparar el siguiente conteo.

Figura 7 - Nuevamente se presiona el botón de la entrada E1 para incrementar en 1 el conteo.

Figura 8 - Nuevamente se suelta el botón para preparar el siguiente conteo.

Figura 1 - Máquina de tortillas (Alimento típico de México).

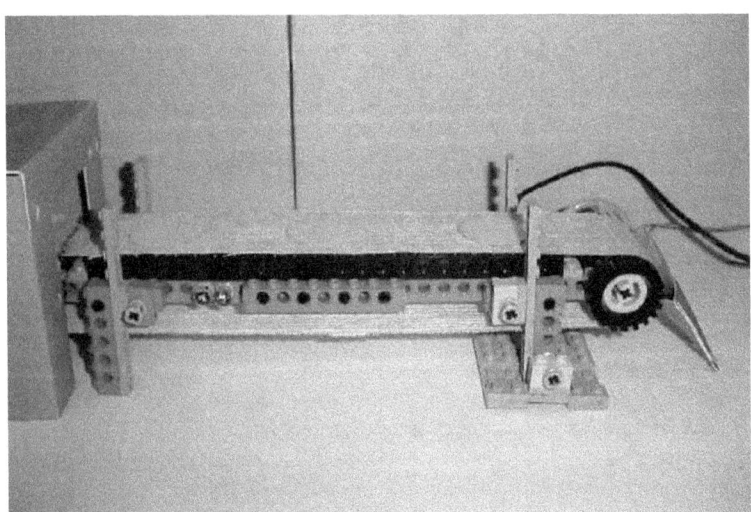

Figura 2 - Modelado de la Banda Transportadora por un juguete.

CONTROL LOGICO PROGRAMABLE

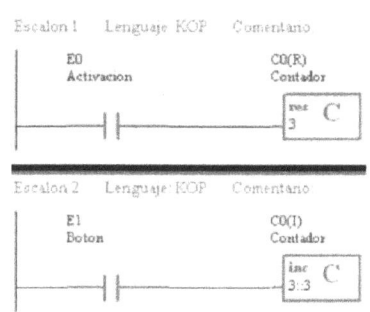

Figura 9 - Habilitación e incremento del contador.

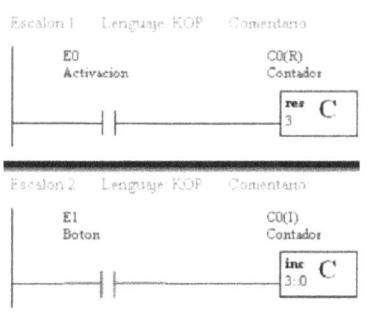

Figura 10 - Restablecimiento a cero del contador.

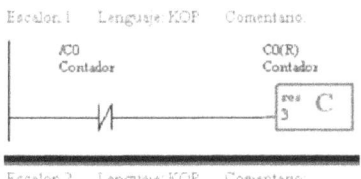

Figura 11 - Incremento del contador.

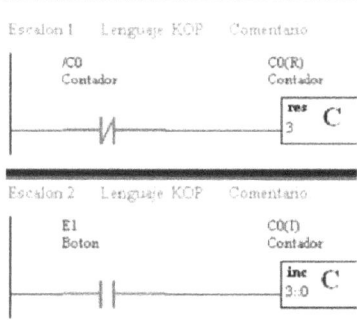

Figura 12 - Restablecimiento a cero del contador por un contacto propio.

tra en la figura 11, con lo que se reinicia el registro del contador nuevamente (vea la figura 12).

Banda Transportadora

Una vez que se ha tratado lo referente al contador, procederemos a la automatización de la banda trasportadora, la cual requiere transportar tortillas desde el horno de cocción hasta el área de embolsado en la que se empaquetan 10 tortillas en cada bolsa. Por ello, la necesidad de utilizar un contador automatizado es evidente, pues el operador puede tener una distracción y contar una tortilla de más o de menos.

Como se puede observar en el bosquejo, para comenzar el proceso el operador pulsará un botón que es el que dará inicio y arrancará la producción de tortillas, indicando a la vez con el encendido de una lámpara de color verde que el proceso está en funcionamiento. Cada tortilla será detectada por el sensor situado al inicio de la banda transportadora; dicho sensor envía una señal a la entrada física E0 del PLC con lo que se incrementará el conteo del registro correspondiente (contador C0).

Cuando el contador llegue a 10 unidades, originará una señal con la cual se detendrá la producción, esto es, cesará el movimiento de la banda transportadora y con ello se apagará la lámpara verde, encendiéndose una lámpara roja que indica el fin del proceso.

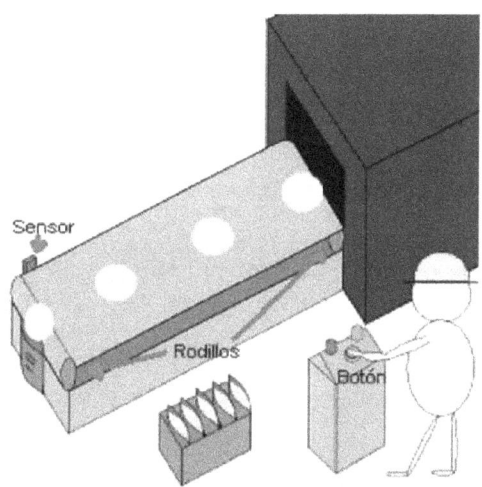

Figura 13 - Bosquejo del sistema.

	Entradas					Salidas						
	Botones		Memorias			Actuadores			Memorias			
	E_0	E_1	C_0	M_0	M_1	S_0	S_1	S_2	M_0	M_1	$C_{0(I)}$	$C_{0(R)}$
	Sensor	BotónInici	Contador	BanInicio	BanParo	Motor	LámpActi	LámpFin	BanInicio	BanParo	ContadorI	ContadorR
Fila 1		*							#			
Fila 2					*				■			
Fila 3					*		*					
Fila 4			*							#		
Fila 5		*								■		
Fila 6				*	▲	*						
Fila 7				*	▲		*					
Fila 8				*	▲						*	
Fila 9	*											*

Tabla 1 - Implementación del sistema con tablas

Herramientas, Programación y Ejemplos - II

Una vez que el proceso contabilizó 10 unidades, el operador podrá colocar una bolsa nueva, ya que la anterior acaba de ser llenada. Las bolsas llenas son colocadas en una caja para su futura repartición, y nuevamente el operador tendrá que presionar el botón de inicio para que se llene automáticamente una bolsa con exactamente 10 unidades.

La implementación se hará, como en algunos ejercicios anteriores, a la manera formal de programación, y para ello nos auxiliamos de una tabla de programación, tal como la tabla 1 que a continuación se ilustra.

Fila 1. La bandera de inicio (salida interna M0) es la que reflejará de manera memorizada el accionamiento momentáneo del botón que se encuentra asignado a la entrada física E1. Este botón tiene que ser presionado por parte del operador con la finalidad de iniciar el proceso.

En lenguaje Escalera lo descrito se resume en la figura 14.

Fila 2. De la fila 1 recordemos que la bandera de inicio tiene un accionamiento memorizado; por lo tanto, la bandera de inicio se desactivará cuando la bandera de paro (salida interna M1) se active, puesto que indican estados contrarios. Vea la figura 15.

Fila 3. Al presentarse la bandera de paro M1, se encenderá la lámpara roja que indica el paro del funcionamiento, la cual se encuentra en la salida física S2 y lleva por etiqueta LampFin. Observe la figura 16.

Fila 4. Cuando se hayan contabilizado 10 unidades, el contacto interno del Contador C0 se activará, por lo que se debe encender la bandera de paro, la cual también tiene un accionamiento memorizado, indicando que el proceso de empaquetado se llevó a cabo. Observe la figura 17.

Fila 5. La bandera de paro se desactivará cuando sea presionado el Botón de Inicio. Tal como se ilustra en la figura 18.

Fila 6, 7 y 8. Cuando la bandera de inicio (M0) esté activada y la Bandera de Paro (M1) no se encuentre activada, sucederán tres acciones: El motor de la banda transportadora será energizado, (Fila 6, figura 19) comenzando con ello el proceso, la Lámpara de Activación se encenderá (Fila 7, figura 20), indicando el estado del proceso, y por último, se habilitará el Contador (Fila 8, figura 21) que, a partir de este momento, podrá registrar cada unidad que pase por el sensor hasta llegar al límite.

Fila 9. Aquí se establece que cada accionamiento momentáneo que tenga el sensor, debido al paso de una uni-

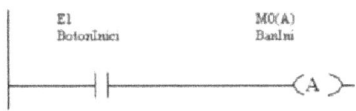

Figura 14 - Fila 1 del programa de la tabla 1.

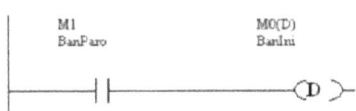

Figura 15 - Fila 2 del programa de la tabla 1.

Figura 16 - Fila 3 del programa de la tabla 1.

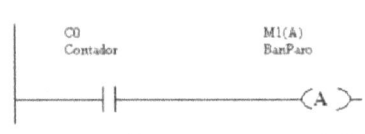

Figura 17 - Fila 4 del programa de la tabla 1.

Figura 18 - Fila 5 del programa de la tabla 1.

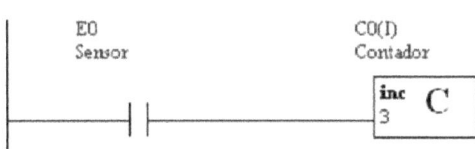

Figura 22 Fila 9 del programa de la tabla 1.

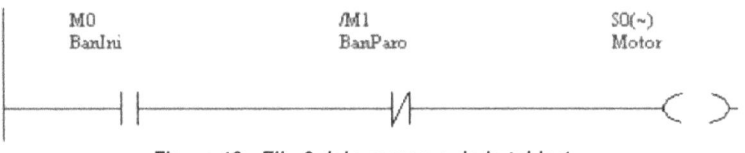

Figura 19 - Fila 6 del programa de la tabla 1.

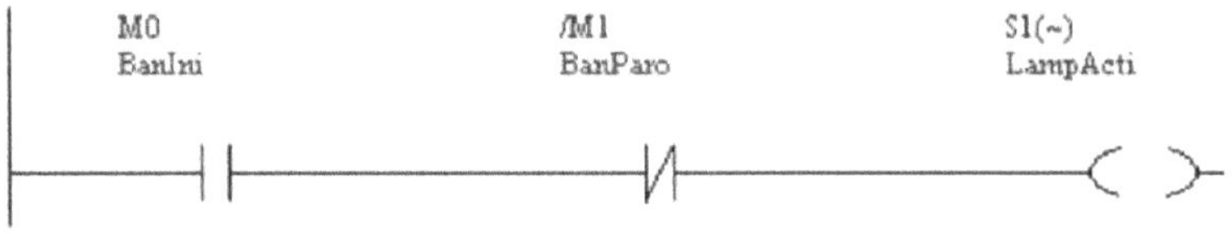

Figura 20 - Fila 7 del programa de la tabla 1.

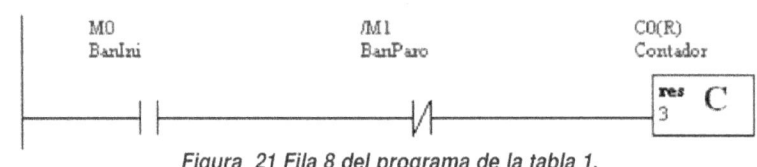

Figura 21 Fila 8 del programa de la tabla 1.

CONTROL LOGICO PROGRAMABLE

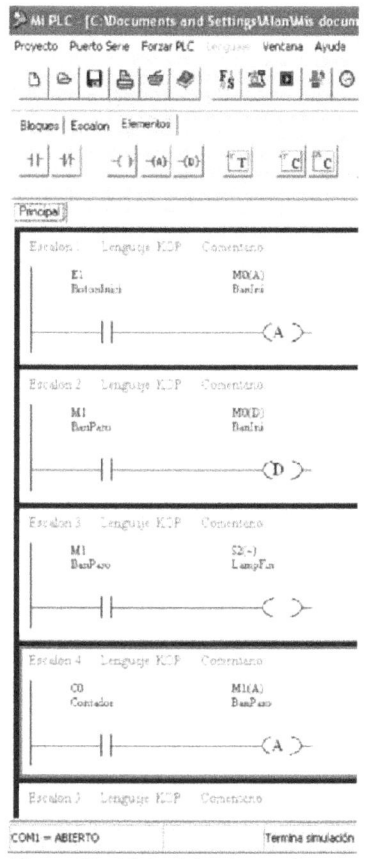

Figura 23 - Vista del entorno de programación

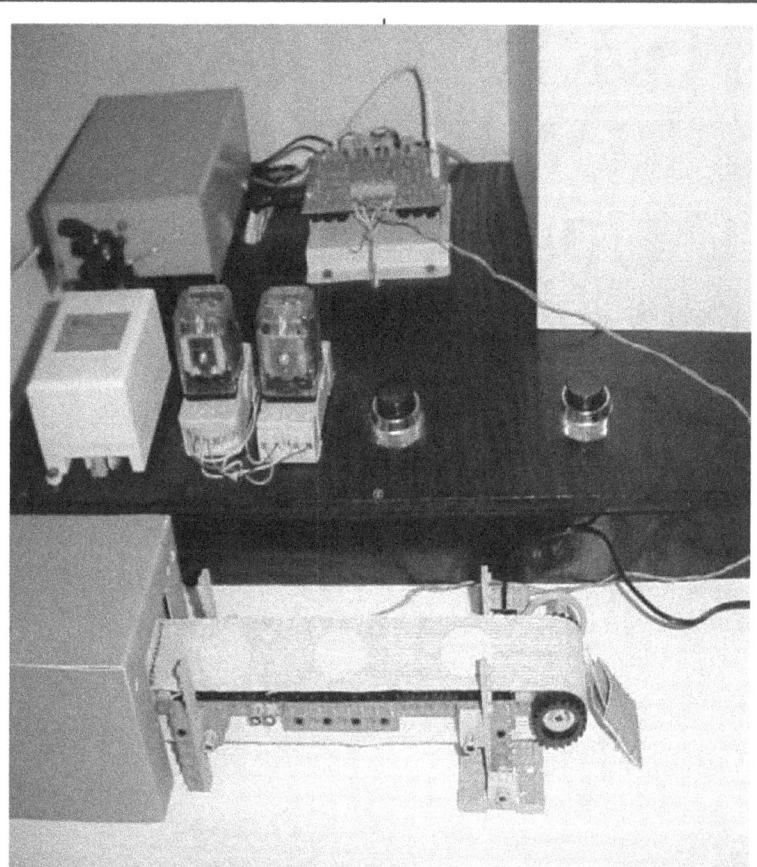

Figura 24 - Maqueta del sistema en reposo.

dad, incremente el registro del Contador. Observe la figura 22.

El ambiente de programación del PLC con el cual trabajamos es el de la figura 23.

La banda transportadora en conjunto con el PLC se muestra en la figura 24, en la que se observa que está inactiva pues aún no ha sido activada. Se observan apagadas las lámparas de los botones.

Como se puede observar en la figura 25, el sistema se encuentra en acción tal como lo indica la lámpara de activación que está encendida.

****

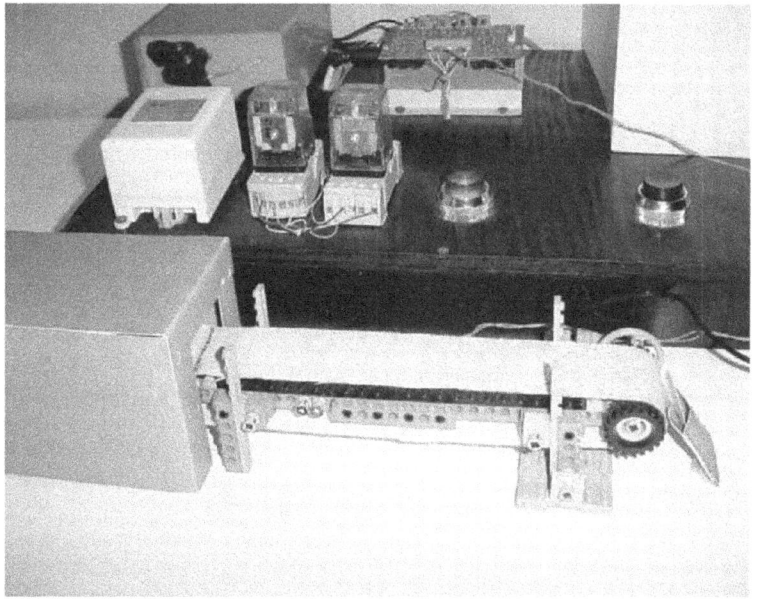

Figura 25 - Maqueta del sistema en funcionamiento.

CONOZCA HERRAMIENTAS COMPLEMENTARIAS

HERRAMIENTAS, PROGRAMACION Y UN EJEMPLO PRACTICO - III

Empleo del BIT especial. Banda transportadora con botones luminosos intermitentes.

A)

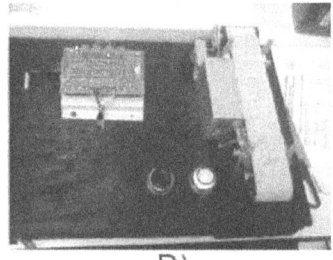
B)

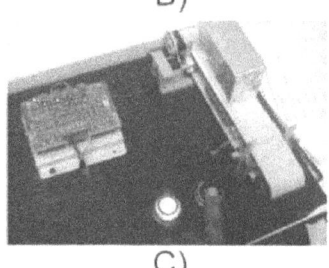
C)

Figura 1A, B y C - Modelo de la Banda Transportadora en sus tres estados.

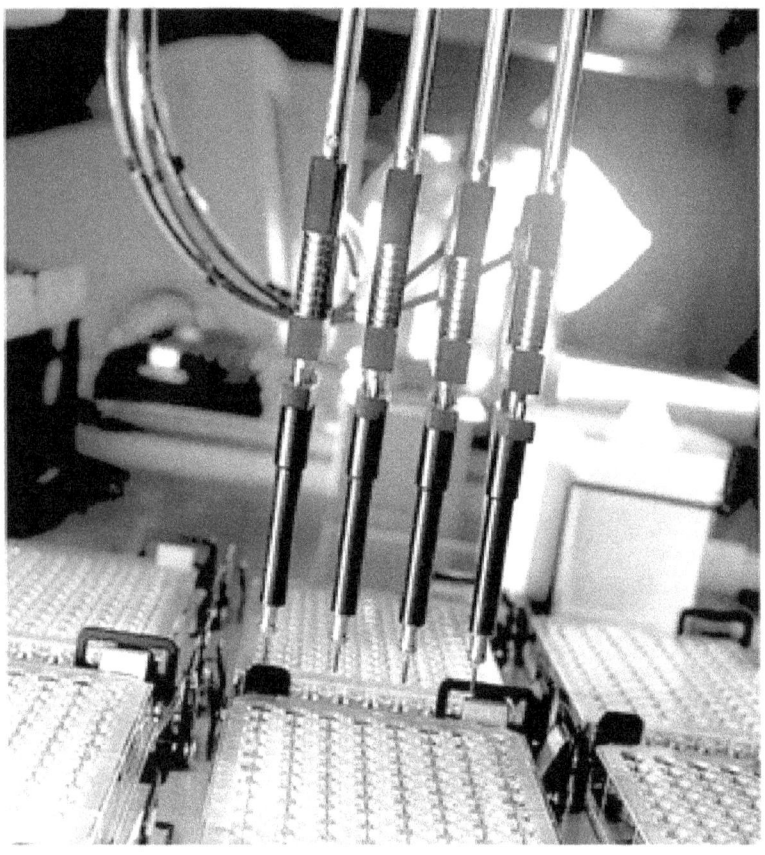

En este capítulo conoceremos dos nuevas herramientas del software de programación del PLC que utilizamos para nuestros ejercicios. Estas herramientas se denominan "Llamar Función" y "Bit especial". Ambas herramientas las aplicaremos en la automatización de una banda transportadora de envases de refrescos, la cual tiene la función de transportar los envases de refrescos recién lavados, o llenados, al área de producción siguiente.

Nuevamente emplearemos un modelo a escala del proceso que vamos a automatizar (observe la figura 1). Como en ocasiones anteriores, nuestro modelo a escala será un auxiliar en el análisis del funcionamiento del sistema, así como en las pruebas al automatizar la banda transportadora de refrescos.

Empleo del BIT Especial

Procedamos a explicar la herramienta del Bit especial. Dicha herramienta consiste en un generador de pulsos discretos ("0" lógico o "1" lógico) y tiene la función de energizar y desenergizar el contacto que lo representa con un intervalo de tiempo fijo, el cual puede ser de 1 segundo o de 1 minuto.

El Bit especial puede actuar sobre una marca de memoria (ver figura 4) ó directamente sobre una salida, tal como se muestra en la figuras 2 y 3.

Herramientas, Programación y Ejemplos - III

Como se observa en el Escalón 1 de la figura 2, el Bit especial activa a la marca M0, la cual, a su vez, al ser energizada activa, en el Escalón 2, a la salida S0; en cambio, en la figura 3 la activación de S0 se realiza de forma directa ahorrando con esto la utilización de una memoria auxiliar. Pero para fines prácticos, a veces resulta más eficiente el método de la figura 2 y eso depende de la tarea que se busque automatizar.

Llamar Función

En lo que se refiere a la herramienta "Llamar Función", ayuda a estructurar y reducir nuestro programa, puesto que encapsula dentro de un conjunto, llamado Función, una serie de instrucciones que realizan una tarea específica y esta Función es invocada cada vez que es necesaria; su implementación se explicará en el desarrollo del siguiente ejemplo.

Banda Transportadora con Botones Luminosos Intermitentes

Para la implementación de la Banda Transportadora se requiere llevar un conteo de los envases que son transportados; además, se cuenta con dos botones: uno de inicio y otro de paro. El botón de inicio debe ser presionado por el operador para comenzar el proceso y el conteo. Cuando esto sucede dicho botón debe permanecer encendido y el botón de paro debe estar centelleando, indicándole al operador con ello que dicho botón espera ser presionado. Necesitaremos utilizar un Contador del PLC. Dicho Contador tendrá la función de contabilizar los envases que son transportados por la banda; cuando llegue al límite establecido de envases, se debe detener el proceso automáticamente, con lo que se encenderá la lámpara del botón de paro y comenzará a centellear la lámpara del botón de inicio. El botón de paro será presionado por el operador cuando se presente alguna contingencia o simplemente se tenga que detener el proceso. Con esta acción se encenderá la lámpara del botón de paro y centellará la lámpara del botón de inicio.

El programa en Lenguaje Escalera estará estructurado de tal manera que se auxiliará de las siguientes funciones:

LampInicio. Se encargará de mantener encendida la lámpara de inicio de manera intermitente cuando el mecanismo no se encuentre funcionando.

LampParo. Cuando el mecanismo se encuentre en funcionamiento, tiene la labor de mantener encendida de manera intermitente a la lámpara de paro.

Contador. Esta función será responsable del conteo de los envases que son transportados.

En la Función LampInicio (función 1) utilizaremos un Bit especial con un intervalo de tiempo de un segundo, el cual actuará sobre la marca de memoria M2 cuya etiqueta es BanAux (Bandera Auxiliar), (observe la figura 4). De esta manera, cuando sea invocada la función LampInicio, el bit especial se energizará de manera momentánea cada segundo, lo que provocará que cada segundo se active la Bandera Auxiliar M2 y, como se verá más adelante, dicha marca es una de las encargadas en el programa principal de activar a la salida física S1 relacionada con la lámpara de inicio. Por lo tanto, si la marca se activa cada segundo, entonces la lámpara de inicio se encenderá cada segundo, provocando con ello un encendido intermitente.

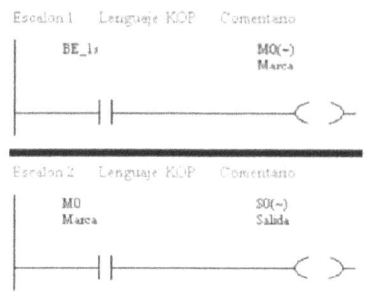

Figura 2 - Implementación del Bit especial.

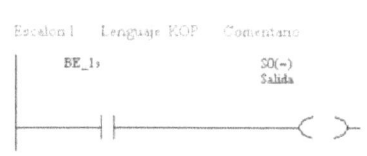

Figura 3 - Implementación del Bit especial sobre una salida.

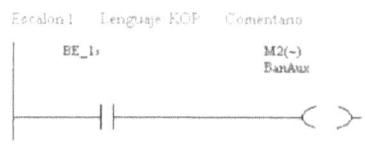

Figura 4 - Implementación de la Función LampInicio.

Figura 5 - Implementación de la Función LampParo.

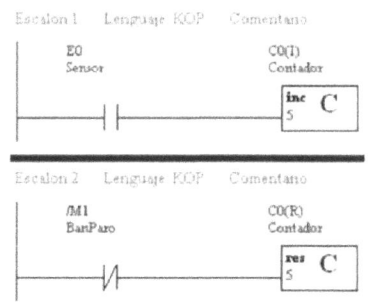

Figura 6 - Implementación de la Función del Contador.

Figura 7 - Bosquejo de la banda transportadora con lámparas intermitentes.

CONTROL LOGICO PROGRAMABLE

Para el caso de la Función LampParo (función 2) utilizaremos de igual manera un Bit especial con un intervalo de tiempo de un segundo, pero ahora lo implementaremos de forma directa, es decir, energizando sin marcas intermediarias la salida S2 correspondiente a la Lámpara de Paro. Así, cada segundo que se energice el bit especial, se energizará la salida física S2, tal como se muestra en la figura 5.

La función de contar el número de envases, se basa en una condición que es el accionamiento momentáneo del sensor, provocado por el paso de un envase por la banda transportadora, con lo que se incrementa en una unidad el registro del Contador. (Observe la figura 6). Una vez que el registro del contador llegue al límite establecido por el programador, el reset del contador entra en funcionamiento deteniendo la cuenta.

La implementación se hará, como en ejercicios anteriores, de manera formal, auxiliándonos de las tablas de programación 1, 2, 3 y 4. De las tablas 2, 3 y 4 observamos que se trata de la implementación de las funciones, por lo que estas tablas nos indican qué elementos activan las salidas.

De la tabla 1 se observa:

Fila 1. La salida interna M0 que corresponde a la Bandera de Inicio reflejará de forma memorizada el accionamiento momentáneo del botón de inicio el cual se encuentra relacionado con la entrada física E1. En lenguaje Escalera, lo expresado en esta explicación se resume en la figura 8.

Fila 2. Ya que accionamos a la Bandera de Inicio de manera memorizada en la fila 1, en la fila 2 será desactivada cuando la bandera de paro (salida interna M1) se active debido a que indican estados contrarios. Ver figura 9.

Fila 3. Cuando esté presente la bandera de paro M1, se encenderá la lámpara del botón de paro, indicando con ello que se detuvo el proceso. Cabe aclarar que la lámpara de paro se encuentra en la salida física S2 y lleva por etiqueta LampParo, tal como se muestra en figura 10.

Fila 4. Cuando esté presente la bandera de paro y no esté energizada la bandera de inicio, se debe encender de manera intermitente la lámpara del botón de inicio, para lo cual se llama a la función que realiza dicha tarea, llamada FunInicio, de la cual hablaremos más adelante (observe la figura 11).

Filas 5, 6 y 7. El contacto interno del Contador C0 se activará cuando se hayan contabilizado 5 envases, indicando que el proceso de empaquetado se llevó a cabo y, por consiguiente, esta acción enciende la bandera de paro de manera memorizada (Fila 5). De igual manera, la bandera de paro presentará un accionamiento memorizado cuando no esté presente la ban-

Entradas							Salidas					Función		
Botones			Memorias				Actuadores			Marca				
E_0	E_1	E_2	C_0	M_0	M_1	M_2	S_0	S_1	S_2	M_0	M_1	1	2	3
Sensor	BotónInici	BotónIParo	Contador	BanInicio	BanParo	BanAux	Motor	LámpActi	LámpParo	BanInicio	BanParo	FunInicio	FunParo	FunCont
	*									#				
					*					■				
					*				*					
				▲	*							*		
			*								#			
			▲								#			
		*									#			
	*										■			
*				*	▲		*							
				*				*						
					*			*						
				*	▲								*	
				*										*

Tabla 1 - Implementación del sistema mediante tablas.

Entradas	Salidas
Bits Especiales	Actuadores
B_0	S_2
Sensor	LampParo
*	*

Tabla 2 - Tabla de la Función FunParo.

Entradas	Salidas
Bits Especiales	Actuadores
B_0	S_2
Sensor	LámpActi
*	*

Tabla 3 - Tabla de la Función FunInicio.

Entradas		Salidas	
Botones	Memorias	Memorias	
E_1	M_1	C_{0R}	C_{0R}
Sensor	BanParo	Contador	ContadorR
*		*	
	▲		*

Tabla 4 - Tabla de la Función FunCont.

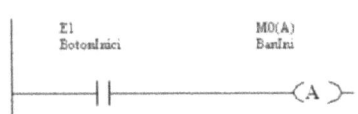

Figura 8 - Fila 1 del programa de la tabla 1.

Figura 9 - Fila 2 del programa de la tabla 1.

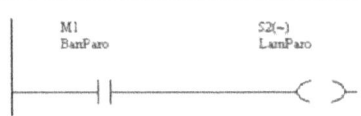

Figura 10 - Fila 3 del programa de la tabla 1.

Herramientas, Programación y Ejemplos - III

dera de inicio (Fila 6) o cuando sea presionado el botón de paro (Fila 7). (Ver figura 12).

Fila 8. De acuerdo a la figura 13, la desactivación de la bandera de paro se llevará a cabo cuando sea presionado el Botón de Inicio.

Fila 9. El motor de la Banda transportadora será energizado si la Bandera de Inicio M0 se encuentra activada y la Bandera de paro desactivada, tal como se ilustra en la figura 14.

Fila 10 y 11. La lámpara de inicio será encendida bajo dos condiciones: si la bandera de Inicio (Fila 10) se encuentra activada o si la Bandera Auxiliar M2 (Fila 11) ha sido activada. Lo anterior se ejemplifica en la figura 15. Como ya se indicó anteriormente, la Bandera Auxiliar es activada desde la Función de la Lámpara de Inicio.

Fila 12. La función que hace que la lámpara de paro comience a centellear será llamada cuando la Bandera de Inicio esté activada y la Bandera de paro esté desactivada (vea la figura 16), es decir, cuando el mecanismo se encuentre en funcionamiento.

Fila 13. La función que realiza el conteo será invocada desde el momento que el mecanismo comience su funcionamiento; por ello, depende de la Bandera de Inicio, como se muestra en la figura 17. El ambiente del software con que cuenta el PLC, con el cual realizamos el presente ejercicio, es el que se ilustra en la figura 18. ********

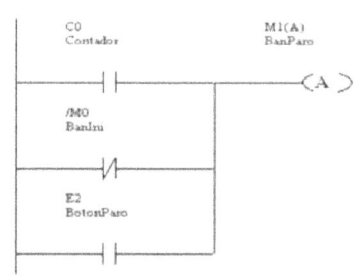

Figura 12 - Filas 5, 6 y 7 del programa de la tabla 1.

Figura 13 - Fila 8 del programa de la tabla 1.

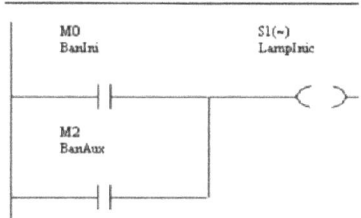

Figura 15 - Filas 10 y 11 del programa de la tabla 1.

Figura 17 - Fila 13 del programa de la tabla 1.

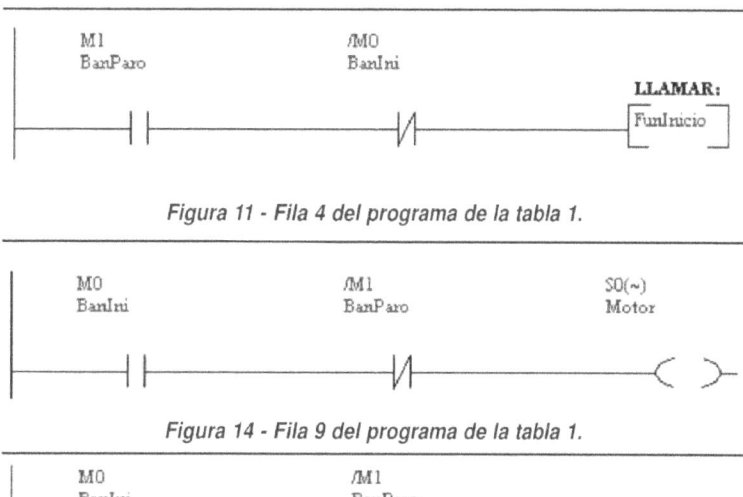

Figura 11 - Fila 4 del programa de la tabla 1.

Figura 14 - Fila 9 del programa de la tabla 1.

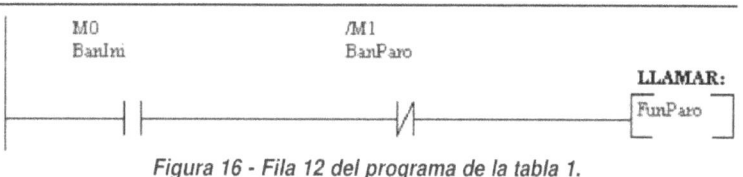

Figura 16 - Fila 12 del programa de la tabla 1.

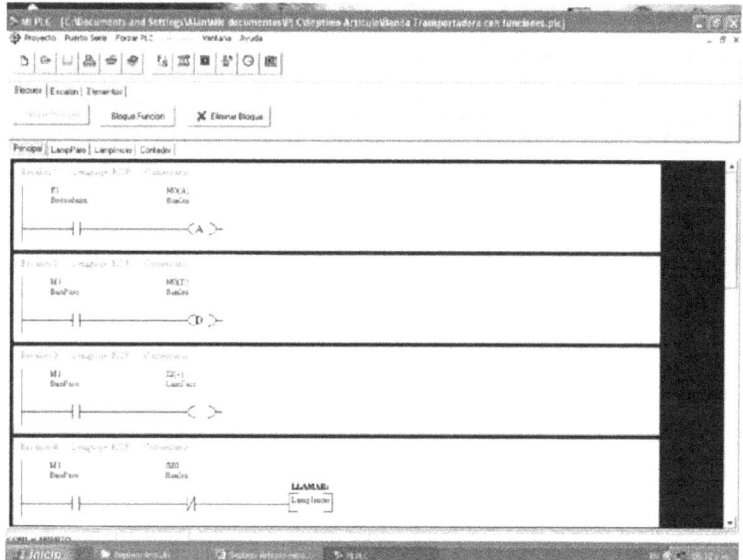

Figura 18 - Vista del entorno de programación.

DIAGRAMAS DE TIEMPOS EN LA PROGRAMACION

PROGRAMACION MEDIANTE DIAGRAMAS DE TIEMPOS Y EJEMPLOS PRACTICOS

Programación secuencial empleando diagramas de tiempos. Programación secuencial para controlar un proceso de dos / tres actuadores. Interconexión de 2 PLCs.

Entre los diversos procesos industriales, llegan a coexistir más de 2 actuadores o elementos de potencia; por lo tanto, la sincronización que debe existir entre éstos es un factor prioritario en el proceso industrial, ya que de otra manera se pueden interferir entre sí cuando se desplacen, provocando no sólo daños físicos a los elementos del proceso, sino también a las personas que se encuentren cerca. Es por esta razón que para lograr una sincronización eficiente entre los distintos actuadores, se recomienda el empleo de los diagramas de tiempos.

Diagramas de Tiempos en la Programación

En cuanto a los anteriores temas de PLC que hemos abordado, sólo hemos controlado un solo actuador o elemento de potencia, pero un proceso productivo completo llega a requerir, por lo menos, dos actuadores, los cuales deben ser controlados de manera totalmente sincronizada. A este respecto, podemos continuar con el mismo método indicado hasta el momento, pero no tenemos la visión completa del control de todos los actuadores. Con esto queremos decir que si, por ejemplo, contamos con diez actuadores nos vamos a perder cuando se tenga que activar el actuador 1, pero a la vez desactivar el actuador 5, y a la vez mantener el último estado del actuador 8, y a la vez... ... .etc.

Para solucionar lo anterior tenemos que recurrir a un método que gráficamente nos indique la secuencia de movimientos de todos los actuadores. Este método gráfico recibe el nombre de "Diagramas de Tiempos".

Un diagrama de tiempos indica en qué estado se encuentran los actuadores de acuerdo al instante de tiempo que se esté ejecutando, además de que podemos prevenir estados similares en la ejecución de un programa, situación que causaría confusión al PLC.

El diagrama de tiempos de la figura 1 indica en qué secuencia se tienen que ir accionando los actuadores, por lo que en primera instancia se tienen que identificar y etiquetar (asignarles un nombre) los actuadores. En la figura 1 están identificados como "Actua-

Programación Mediante Diagramas de Tiempos

dor 1", "Actuador 2", etc. Se tienen que colocar todos los actuadores que estén involucrados con el proceso productivo, y se pueden identificar por medio de números o letras por ejemplo "Actuador A", "Actuador B", etc.

En el otro extremo derecho del diagrama de tiempos se encuentran los estados que pueden adquirir los actuadores, esto es, estado lógico "0" o estado lógico "1", o expresado de otra manera, significa si está activado o desactivado. Esto es importante para no perder el detalle de cómo se encuentran los actuadores.

Continuando con la descripción del diagrama de tiempos, ahora nos encontramos en la parte superior de éste, y ahí observamos que se encuentran una serie de números. Estos representan las diferentes etapas por las que tiene que pasar el proceso productivo; por lo tanto, esta numeración comienza desde el número 1 y llega hasta la cantidad de pasos que se requieran para completar un proceso. En la parte inferior del diagrama de tiempos encontramos la denominación de los sensores o botones que detectan el estado de los actuadores, provocando con esta información un cambio en el estado de los mismos actuadores; por lo tanto, el colocar en esta parte del diagrama a los sensores, sirve para indicar el límite de desplazamiento de los actuadores o detectar si éstos ya están colocados en donde se tiene planeado, o simplemente indicar el inicio del proceso por medio del accionamiento del botón de arranque que tiene que pulsar el operario.

Para comprender todo lo expuesto hasta aquí, vamos a basarnos en el esquema de la figura 2, en la cual se encuentran 3 actuadores, los cuales tienen que ser controlados de manera sincronizada, ya que de cualquier otra forma podemos dañar la materia prima que estamos utilizando para crear un producto.

Los actuadores que aquí estamos describiendo son cilindros que bien pueden ser hidráulicos o neumáticos o solenoides eléctricos. Cabe aclarar que el ejercicio que vamos a desarrollar está en función del programa del PLC, por lo que las conexiones que se requieran para finalmente expresar el efecto de control sobre cilindros reales depende de los tipos de energía que serán utilizadas (hidráulica, neumática o eléctrica).

En la figura 3 se muestra la secuencia con la que tienen que irse manipulando los 3 actuadores, y que pueden representar un sistema de estampado, perforado, suajado, etc. Por medio de un cilindro colocamos la materia prima en el campo de trabajo, por medio de otro cilindro realizamos el trabajo, y a través de un tercer cilindro retiramos el producto terminado, despejando el área de trabajo para comenzar un nuevo proceso. A continuación describimos al diagrama de tiempos que se genera con estas acciones.

Tal como se ilustra en la figura 2 y en el diagrama de tiempos de la figura 3, existen 3 cilindros identificados con las letras A, B y C, los cuales para que estén controlados deben poseer sensores que identifiquen la posición en la que éstos se encuentran, ya sea con el vástago (parte móvil del cilindro) fuera o dentro del cilindro. Los sensores que detectan cuándo el cilindro se encuentra retraído se identificarán con a0, b0 y c0 para los cilindros A, B y C respectivamente, mientras que los sensores que identifican cuándo el cilindro se encuentre fuera, se denominan a1, b1 y c1 respectivamente.

La forma de operar del proceso completo será la siguiente:

En la parte inicial del proceso, los 3 cilindros se encuentran retraídos, y así deben continuar hasta que sea accionado el botón identificado como "Bnini" (botón de inicio), lo que significa que aparte de cumplirse la condi-

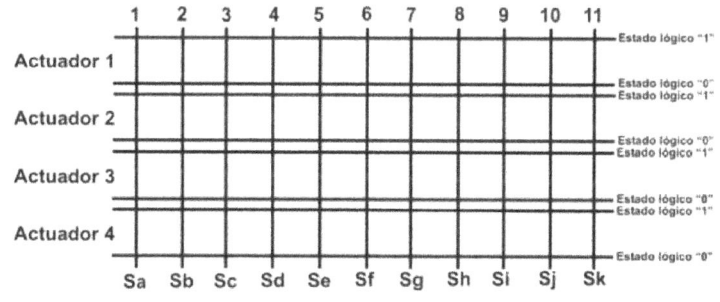

Figura 1 - Diagrama de Tiempos.

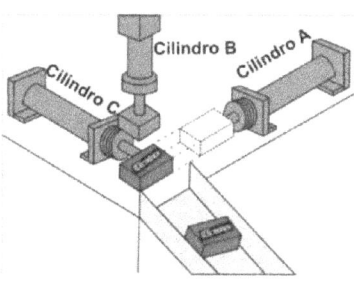

Figura 2 - Esquema de situación de los 3 actuadores.

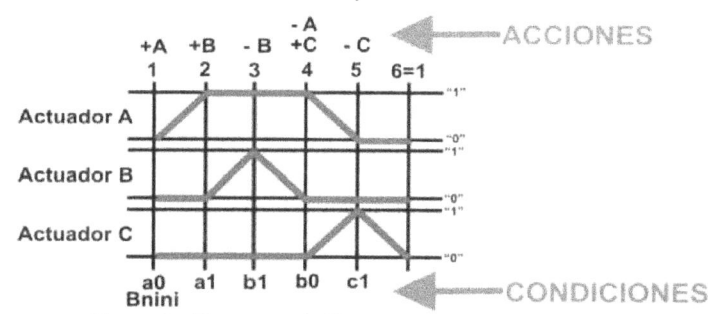

Figura 3 - Diagrama de Tiempos de los 3 actuadores.

ción de oprimir el botón de inicio, también las condiciones de los sensores a0, b0 y c0 deben estar colocadas en "1", indicando que los cilindros se encuentran retraídos. Para este ejemplo, basta con tomar la condición de a0. Posterior al accionamiento del botón de inicio, el cilindro A comienza a desplazar su vástago hacia afuera (produciendo la acción +A). Una vez que el vástago se trasladó completamente al exterior del cilindro, el sensor a1 se coloca en "1" (indicando que el vástago del cilindro A se encuentra afuera) condición que provoca la acción +B. Dicho de otra manera, ahora el vástago del cilindro B comienza a desplazarse hacia afuera, y cuando esté totalmente en el exterior, se activará el sensor b1. Cuando la condición del sensor b1 esté presente, suscitará el regreso del vástago del cilindro B hacia el interior de éste, trayendo consigo la acción -B. El cilindro B provocará ahora que el sensor b0 sea activado, y al estar presente esta condición se efectuarán las condiciones que representan al regreso del vástago del cilindro A (condición -A) y la salida del vástago del cilindro C (condición +C), trayendo de manera inmediata el accionamiento de los sensores a0 y c1, pero en este ejercicio sólo basta con c1. Y por último, cuando el vástago del cilindro C llegue completamente al exterior, se activará el sensor c1, condición que se requiere para que como paso siguiente provoque el regreso del cilindro C (-C). Hasta aquí se han efectuado 6 pasos o 6 etapas, colocando a los 3 sensores en su posición inicial, por lo que nuevamente se requiere que sea accionado el botón de inicio para realizar otro ciclo más. Pues bien, como el paso 6 es exactamente igual al paso 1, prácticamente los igualamos y los interpretamos como un mismo paso, por lo que hablar del paso 6 es hacer referencia al paso 1.

Una vez que tenemos completo nuestro diagrama de tiempos, ahora procedemos a llenar nuestra tabla para armar el programa en lenguaje escalera, que es el que controlará nuestro PLC; la tabla se muestra en la figura 4. Recordemos que los símbolos empleados en la figura de la tabla 4 significan:

* - Accionamiento de entrada momentáneo.

- Activación de salida memorizada.

- Desactivación de salida memorizada.

De la tabla de la figura 4 procedemos a continuación a explicar cada uno de los escalones que resultaron de la implementación del diagrama de tiempos, y que son reflejados en el lenguaje escalera.

	Entradas						Salidas						
Bn	Sensores						Actuadores						
	E₀	E₁	E₂	E₃	E₄	E₅	S₀	S₁	S₂	S₃	S₄	S₅	
Bnini	a0	A1	B0	b1	c1		+A	-A	+B	-B	+C	-C	
Escalón 1	*	*						#						Paso 1
Escalón 2	*	*							□					Paso 1
Escalón 3	*	*											□	Paso 1
Escalón 4			*							#				Paso 2
Escalón 5					*						#			Paso 3
Escalón 6					*					□				Paso 3
Escalón 7				*					□					Paso 4
Escalón 8				*					#					Paso 4
Escalón 9				*							□			Paso 4
Escalón 10				*								#		Paso 4
Escalón 11						*						□		Paso 5
Escalón 12						*							#	Paso 5

Figura 4 - Implementación del sistema con tablas.

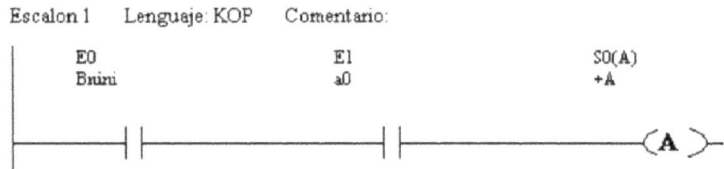

Figura 5 - Condiciones para implementar el paso 1 del diagrama de tiempos.

Figura 6 - Condiciones para implementar el paso 1 del diagrama de tiempos.

Figura 7 - Condiciones para implementar el paso 1 del diagrama de tiempos.

Programación Mediante Diagramas de Tiempos

Las figuras 5, 6 y 7 nos muestran las condiciones que se requieren para implementar el paso número 1 del diagrama de tiempos, recordando que para obtener la serie de símbolos en lenguaje escalera, como primer paso recurrimos a graficar el comportamiento de los actuadores en función de las condiciones que se deben tomar en cuenta, y en el paso 1 las condiciones existentes son la del botón de inicio (Bnini) y la del sensor a0, que es el que determina que el vástago del cilindro A se encuentra adentro. Lo anterior provoca que se tenga la acción del desplazamiento hacia afuera del vástago del cilindro "A" a través de una salida memorizada (observe la figura 5), además de las acciones de las figuras 6 y 7, en donde se desactivan las salidas memorizadas de retracción de los vástagos de los cilindros "A" y "C".

La figura 8 indica la condición que, de acuerdo al diagrama de tiempos, es la que provoca que una vez que el vástago del cilindro A se encuentra totalmente afuera, se active el sensor a1, para que a su vez se inicie la acción de desplazar al vástago del cilindro B hacia el exterior de éste.

Las figuras 9 y 10 son partes integrantes de las acciones que se llevan a cabo en el paso 3 del diagrama de tiempos, generándose éstos cuando el vástago del cilindro B ha alcanzado su desplazamiento máximo hacia el exterior, detectándose esto como una condición a través del sensor b1, lo que a su vez determina las condiciones de las figuras 9 y 10 que, respectivamente, son la de activar el desplazamiento de retracción del vástago del cilindro B y la desactivación del movimiento hacia el exterior del mismo vástago.

Las figuras 11, 12, 13 y 14 integran completamente al paso 4 del diagrama de tiempos, teniendo estas 4 partes del lenguaje escalera como factor común al sensor b0, que es activado cuando el vástago del cilindro B se ha retraído completamente. Esta condición desencadena las siguientes acciones (refiérase a la figura 11), desactivación de la salida memorizada que ordena el movimiento al exterior del vástago del cilindro A. Ahora observe la figura 12, y al mismo tiempo que se produce la acción anterior, se genera el accionamiento de la maniobra de meter el vástago del cilindro A por medio de una salida memorizada, mientras que en la figura 13 se está desactivando la salida memorizada que provocó en una acción de un paso anterior que el vástago del cilindro B se metiera. La figura 14 nos ilustra la activación de una salida memorizada para desplazar al exterior al vástago del cilindro C.

Para terminar, ya sólo falta describir a las figuras 15 y 16, las cuales conforman al paso 5 del diagrama de tiempos, y en ellas se observa que una vez que el vástago del cilindro C se encuentra totalmente fuera, produce la condición de activar al sensor c1, trayendo consigo la desactivación de la salida memorizada de la acción de sacar al vástago del cilindro C, (figura 15), a la vez que activa la salida memorizada correspondiente a la acción de meter el vástago del cilindro C, (figura 16). Con estas 2 últimas partes del lenguaje escalera estamos condicionando a que el sistema de cilindros se ubique nuevamente en el inicio que estaría representado por medio del paso 6, el cual a su vez ya habíamos establecido que es el mismo paso 1 del diagrama de tiempos.

Todas las fracciones de lenguaje escalera que nos resultaron nos dan un total de 12, de las cuales sólo están colocadas las condiciones principales para que se desplacen los vástagos de

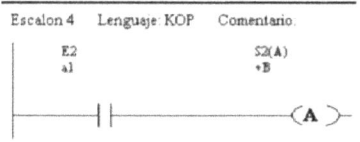

Figura 8 - Condición para implementar el paso 2 del diagrama de tiempos.

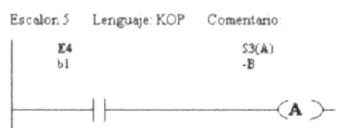

Figura 9 - Condición para implementar el paso 3 del diagrama de tiempos.

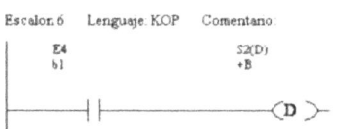

Figura 10 - Condición para implementar el paso 3 del diagrama de tiempos.

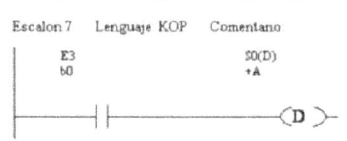

Figura 11 - Condición para implementar el paso 4 del diagrama de tiempos.

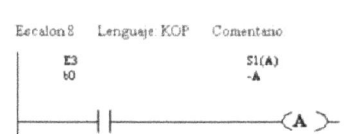

Figura 12 - Condición para implementar el paso 4 del diagrama de tiempos.

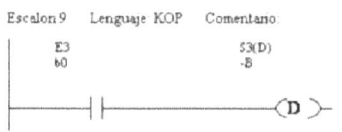

Figura 13 - Condición para implementar el paso 4 del diagrama de tiempos.

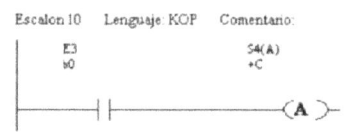

Figura 14 - Condición para implementar el paso 4 del diagrama de tiempos.

CONTROL LOGICO PROGRAMABLE

los cilindros involucrados en el proceso industrial y se detecten por medio de sensores estos movimientos. Lo que faltaría en determinado momento es encender indicadores visuales para de esta manera observar en qué parte del proceso se está trabajando. Por otra parte, se está omitiendo al sensor que detecte que la materia prima se encuentra en el campo de trabajo, esto es, en dónde se estampará, perforará o suajará, etc. Pero para un proceso completo este condicionante se tiene que agregar para que el paso 2 se realice sin que la herramienta sufra daño alguno.

Ya para terminar, sólo queremos expresar que el manejar diagramas de tiempos es muy necesario, sobre todo cuando se tienen que controlar más de 2 actuadores, ya que de esta manera se tiene toda la panorámica de la sincronización de los movimientos de todos éstos.

Programación Secuencial Empleando Diagramas de Tiempos

Cuando el proceso que se quiere automatizar es muy complejo, el programa del PLC suele ser muy extenso, y con esto nos referimos a que la cantidad de actuadores que están involucrados es, por lo menos de 2, razón por la cual debemos basarnos en los diagramas de tiempos para elaborar el programa de control. Para realizar una programación secuencial, invariablemente se debe realizar empleando diagramas de tiempos, ya que de otra manera no es posible tener la panorámica completa de toda la serie de movimientos y activación de los actuadores.

En lo que respecta a los temas anteriores que hemos publicado, se trata en su conjunto de programación combinacional, porque sólo nos basamos en una tabla, y cuando involucramos diagramas de tiempo estamos entrando al concepto de programación secuencial.

Para comprender mejor las diferencias vamos a explicar lo que son los 2 tipos distintos de programación.

Programación Combinacional.- Es aquélla en donde la respuesta total se encuentra en función exclusivamente de las entradas, por lo que si los estados lógicos de las terminales de entrada cambian, la variable de salida cambia de igual forma de manera inmediata.

Programación Secuencial.- Es aquella en donde la respuesta final se encuentra sujeta a las variables de entrada y la retroalimentación de la salida; por lo tanto, para que se cumpla adecuadamente una salida válida, se debe tener en las terminales de entra-

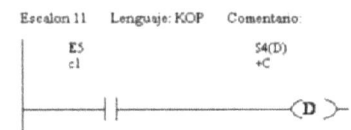

Figura 15 - Condición para implementar el paso 5 del diagrama de tiempos.

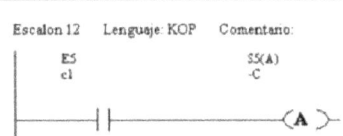

Figura 16 - Condición para implementar el paso 5 del diagrama de tiempos.

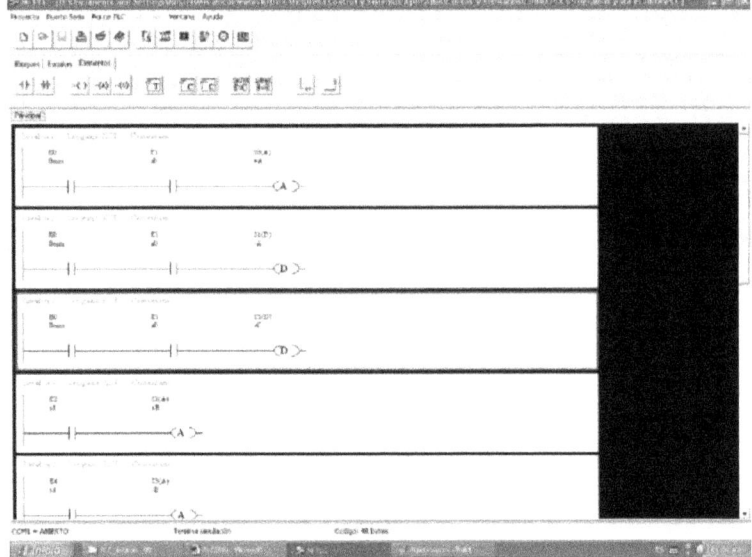

Figura 17 - Vista del entorno de programación.

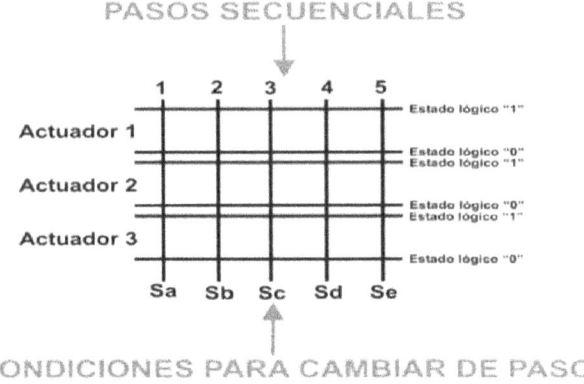

Figura 18 - Diagrama de Tiempos.

Programación Mediante Diagramas de Tiempos

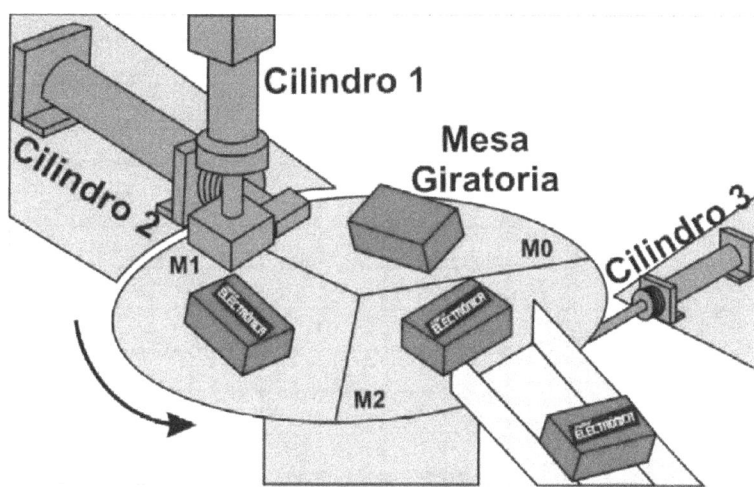

Figura 19 - Esquema de situación de los 3 actuadores.

tiempos, que es la herramienta que necesitamos para plasmar las necesidades de activaciones de los actuadores.

Ya en una entrega anterior comenzamos a tratar el tema de diagramas de tiempos, por lo que ahora nos vamos a centrar en la elaboración de un programa secuencial, y sobre la marcha iremos plasmando todos los conceptos que se necesitan para realizarlo.

Los actuadores que aquí vamos a utilizar son cilindros que pueden operar ya sea con energía hidráulica ó neumática ó inclusive se puede tratar de solenoides eléctricos. La etapa de potencia que se requiere para que los actuadores representen algún movimiento mecánico está en función de los circuitos que, de acuerdo al mando del PLC (activado "1" lógico ó desactivado "0" lógico), conviertan los estados lógicos a energía de otra naturaleza, ya sea hidráulica, neumática ó eléctrica de alta potencia. Estos elementos de potencia pueden ser electroválvulas para cualquier cilindro, ya sea hidráulico ó neumático, ó también puede ser un relevador para el caso de un solenoide eléctrico.

En la figura 19 se ilustra el ejemplo de un proceso industrial en donde se tiene un plato giratorio y tres cilindros, uno que rotula una pieza y otro que expulsa la pieza rotulada para su embalaje. El proceso tiene que realizarse de acuerdo a lo siguiente:

1° Paso.- Sobre la sección M0 de la mesa giratoria debe encontrarse la pieza a ser rotulada; por lo tanto, el sensor correspondiente debe estar activo.

2° Paso.- Se activa el cilindro 3 para que la mesa gire.

3° Paso.- Desciende el cilindro número 1 para rotular la pieza.

4° Paso.- La mesa gira para ingresar una nueva pieza y colocar la que ya está rotulada al inicio de una rampa; para ello, se requiere la activación de los sensores correspondientes.

5° Paso.- EL cilindro número 2 se activa para expulsar la pieza que ya fue rotulada hacia la rampa para su posterior embalaje.

da los estados lógicos adecuados, además de que en la salida también debe cumplirse con el estado lógico correcto, porque al retroalimentarse, se convierte en una entrada.

De acuerdo a lo anterior tenemos que, para un proceso en donde se cuenta con más de 1 actuador (por lo menos 2) que genere alguna maniobra mecánica, los movimientos deben realizarse de forma sincronizada, porque de otra manera podrían dañarse entre sí al realizar sus desplazamientos; por lo tanto, para que se active el actuador número 1, el actuador número 2 debe estar en determinada posición fuera del camino que seguirá el actuador 1. Esto último nos indica que debe generarse una determinada secuencia de movimientos que deben cumplirse, y es aquí donde los diagramas de tiempos cobran un papel muy importante, ya que es a través de ellos como podemos poseer la visibilidad completa de todos los desplazamientos, sin temor a que los dos o más actuadores que existan en determinado proceso industrial lleguen a chocar en el área de trabajo del mecanismo automatizado. Para estructurar un programa secuencial no tenemos que realizar una tarea compleja y rimbombante, ya que tan sólo requerimos establecer el orden lógico y cronológico de la activación de los distintos actuadores, que de hecho si aún no sabemos cuál de todos se debe activar primero ni mucho menos las condiciones iniciales que se requieren para dicha activación, es cuando comenzamos a utilizar nuestro diagrama de

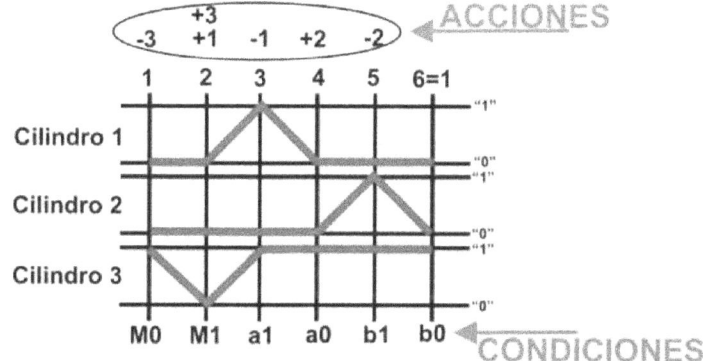

Figura 20 - Diagrama de Tiempos de los 3 actuadores.

CONTROL LOGICO PROGRAMABLE

	Entradas							Salidas							
	Bn	Sensores						Actuadores							
	E_0	E_1	E_2	E_3	E_4	E_5		S_0	S_1	S_2	S_3	S_4	S_5		
	M0	M1	a0	a1	b0	b1		+1	-1	+2	-2	+3	-3		
Escalón 1	*				*							□		Paso 1	
Escalón 2	*				*								#	Paso 1	
Escalón 3		*										□		Paso 2	
Escalón 4		*								□				Paso 2	
Escalón 5		*						#						Paso 2	
Escalón 6		*										#		Paso 2	
Escalón 7				*				□						Paso 3	
Escalón 8				*					#					Paso 3	
Escalón 9			*							□				Paso 4	
Escalón 10			*							#				Paso 4	
Escalón 11						*					□			Paso 5	
Escalón 12						*						#		Paso 5	

Figura 21

Como se podrá observar, lo que se describió en los pasos anteriores no es otra cosa que el algoritmo, y si lo vemos con todo el rigor que se requiere, cuando programemos al PLC con el programa tomado del algoritmo de forma literal, lo primero que sucederá será un desastre que como consecuencia tendremos que comprar o reparar todo si queremos seguir adelante. Mencionamos lo anterior debido a que en el algoritmo nunca dijimos que los cilindros 1, 2 y 3 deben de regresar a su posición inicial, aunque lo suponemos por defecto, pero en el programa debe quedar perfectamente plasmado.

De la misma figura 20 observamos que no se puede acceder al paso 2 si no se ha cumplido con el paso precedente, o sea el paso 1, y al paso 3 no se puede llegar si antes el proceso no se encuentra sobre el paso 2 y así sucesivamente. Por lo tanto, estamos hablando de un proceso que de forma secuencial se deben cumplir las condiciones precedentes para poder avanzar.

Todo proceso secuencial tiene de forma implícita agregada un sistema de seguridad, en el cual el proceso no avanza si no está seguro y con las condiciones de seguridad cumplidas. Una vez que hemos completado el diagrama de tiempos de acuerdo a la serie de secuencias que debe realizar el proceso industrial, nos abocaremos a realizar el programa del PLC con la ayuda de las tablas que son las que se muestran en la figura 21.

Para identificar el significado de los símbolos empleados en la tabla de la figura 21, a continuación se describen:

* - Accionamiento de entrada momentáneo.

- Activación de salida memorizada.

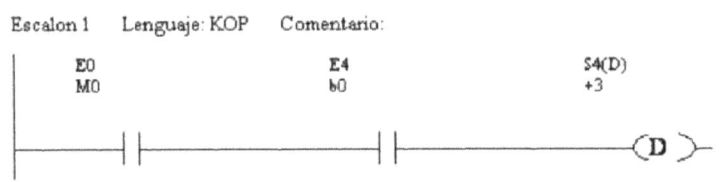

Figura 22 - Condiciones para implementar el paso 1 del diagrama de tiempos.

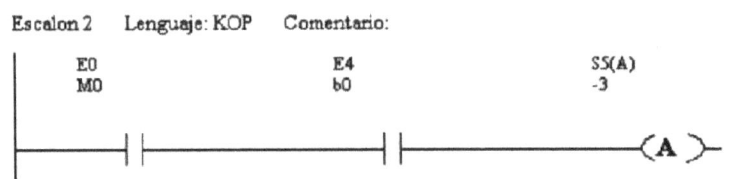

Figura 23 - Condiciones para implementar el paso 1 del diagrama de tiempos.

Programación Mediante Diagramas de Tiempos

- Desactivación de salida memorizada.

En la tabla de la figura 21 vamos a tomar las condiciones lógicas necesarias para que, a continuación, diseñemos el programa con el cual el PLC realizará las actividades de automatización; por lo tanto, comenzaremos a explicar el programa en lenguaje en escalera.

Las figuras 22 y 23 nos indican las condiciones que se requieren para implementar el paso número 1 del diagrama de tiempos, recordando que para utilizar la serie de símbolos que se tienen en lenguaje escalera, primero recurrimos a revisar el comportamiento de los actuadores en función de las condiciones que se deben tomar en cuenta, y en el paso 1 las condiciones existentes son la presencia del objeto a rotular detectado mediante el sensor M0 y la del sensor b0, que es el que determina que el vástago del cilindro 2 se encuentre adentro (Figura 23). La figura 22 nos muestra la desactivación del mando que provoca que el vástago del cilindro 3 sea desactivado para que no entre en conflicto con el desplazamiento hacia adentro.

La condición anterior provoca que se tenga el accionamiento del cilindro 3 que, como estado inicial, debe encontrarse hacia afuera. El desplazamiento hacia adentro del vástago del cilindro 3 provocará que la mesa giratoria se posicione de acuerdo a la ubicación que debe tener el objeto a rotular, esto es, debajo del cilindro 1.

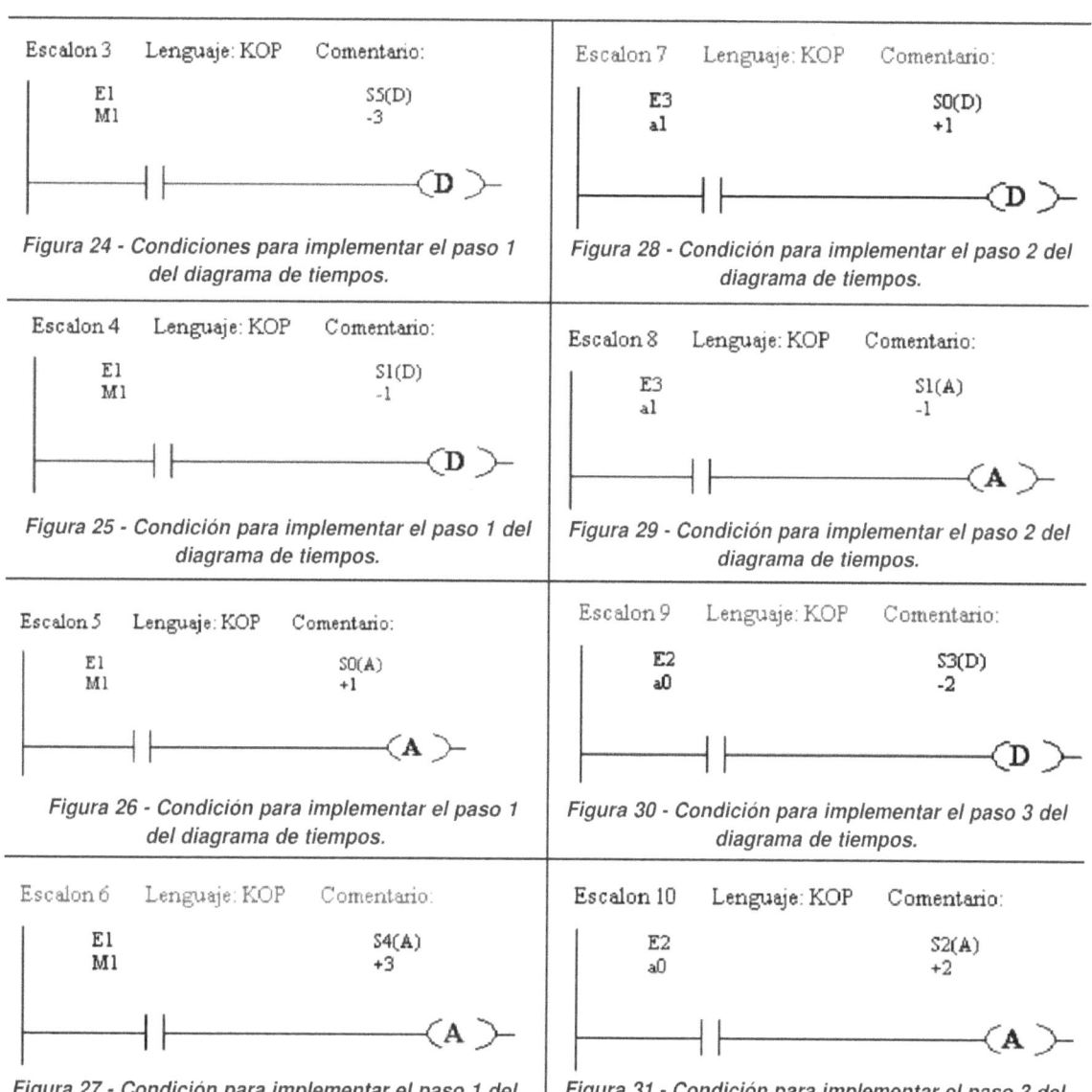

Figura 24 - Condiciones para implementar el paso 1 del diagrama de tiempos.

Figura 25 - Condición para implementar el paso 1 del diagrama de tiempos.

Figura 26 - Condición para implementar el paso 1 del diagrama de tiempos.

Figura 27 - Condición para implementar el paso 1 del diagrama de tiempos.

Figura 28 - Condición para implementar el paso 2 del diagrama de tiempos.

Figura 29 - Condición para implementar el paso 2 del diagrama de tiempos.

Figura 30 - Condición para implementar el paso 3 del diagrama de tiempos.

Figura 31 - Condición para implementar el paso 3 del diagrama de tiempos.

CONTROL LOGICO PROGRAMABLE

Las figuras 24, 25, 26 y 27 nos muestran las condiciones que se necesitan para que el vástago del cilindro 1 salga y este desplazamiento provoca la impresión de un objeto; mientras tanto, el vástago del cilindro 3 tiene que desplazarse hacia afuera. En esta etapa, la mesa giratoria debe permanecer estática.

Para que la activación del desplazamiento hacia afuera por parte de los cilindros 1 y 3 tenga efecto, previamente al movimiento de cada uno, se tiene que desactivar el mando que provoca la traslación de sus vástagos hacia adentro de los cilindros.

Las figuras 28 y 29 nos representan el movimiento de regreso del vástago del cilindro 1, una vez que realizó el trabajo de impresión sobre la pieza a rotular, y nuevamente para activar el mando que genera el retorno del vástago del cilindro 1, primero se tiene que desactivar el mando que provoca la salida del vástago.

Las figuras 30 y 31 conforman el movimiento que genera la salida del vástago del cilindro 2. Esta acción permite desplazar a un objeto que fue rotulado previamente. El objeto rotulado es enviado a una rampa y al final de ésta se encontrará la zona de empaquetado de productos terminados. Por último, en las figuras 32 y 33, se tienen los comandos para provocar que el vástago del cilindro 2 regrese a su posición original para que el mecanismo se prepare para un nuevo ciclo de trabajo; esto es, se vuelve a repetir nuevamente el paso 1, por lo que, nuevamente, el cilindro 3 desplazará su vástago hacia dentro provocando que la mesa gire a una nueva posición, siendo éste el motivo por el que el vástago del cilindro 2 se retraiga.

Los sensores que se necesitan deben detectar la presencia del objeto que se va a rotular, por lo que se coloca el sensor M0 para saber que está la materia prima sobre la mesa, y el sensor M1 para saber que el objeto se encuentra debajo del cilindro 1. Por otra parte, los sensores identificados como "a0 y a1" son los que detectan si el vástago del cilindro 1 está adentro o afuera. Los sensores identificados como "b0 y b1" también detectan si el vástago del cilindro 2 está afuera o adentro.

Nuevamente, para reafirmar lo anteriormente expuesto, expresamos que el manejar diagramas de tiempos es muy necesario, sobre todo cuando se tienen que controlar más de 2 actuadores, ya que de esta manera se tiene toda la panorámica de la sincronización de los movimientos de todos éstos.

El objetivo del presente capítulo y de todo el libro en general, es que sea muy útil y es por ello que desarrollamos este tipo de ejercicios, que son un fragmento de lo que nos podemos encontrar en una situación real. Para practicar de una manera más completa, pueden acceder a nuestra página de internet www.webelectronica.com.ar y con la clave "progplc" podrán descargar el software de programación en lenguaje escalera, que además incluye un simulador.

Programación Secuencial Para Controlar un Proceso de Dos Actuadores

Todo proceso secuencial debe poseer, de manera implícita, un sistema de seguridad redundante para que de esta manera se cuente con un sistema de producción protegido y esté contemplada de forma natural la seguridad, en primer lugar de los operadores, instalaciones y, en general, de los recursos e insumos.

Para cumplir con las condiciones de seguridad bajo la utilización de un proceso secuencial, se deben distinguir perfectamente las etapas que deben irse cumpliendo con el paulatino desempeño de los comandos de control. Posteriormente estas etapas deben guardar un orden en cuanto a la importancia de la secuencia de ejecución, por lo que primero se deben cumplir las condiciones para que la primera etapa se lleve a cabo, y una vez que se agotaron todas las condiciones internas que estaban en juego, se puede pasar a una segunda etapa, pero si una sola condición no se cumplió, entonces se tiene el motivo suficiente como para que el proceso se quede estacionado en la primer etapa y no avance, sino hasta que se hayan cumplido todas las condiciones. Esta labor continuará etapa por etapa, por lo que para llegar al final del proceso, previamente se tuvieron que haber cumplido todas las condiciones anteriores.

En consecuencia, un proceso secuencial que representa a un algoritmo

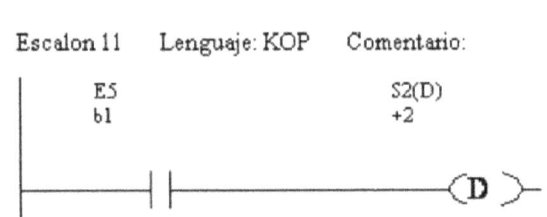

Figura 32 - Condición para implementar el paso 4 del diagrama de tiempos.

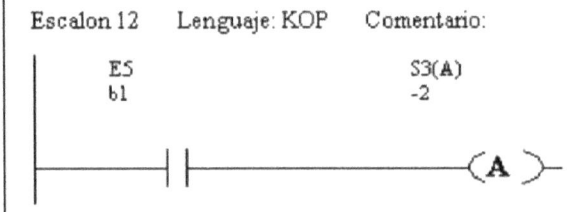

Figura 33 - Condición para implementar el paso 4 del diagrama de tiempos.

Programación Mediante Diagramas de Tiempos

Figura 34 - Proceso Secuencial.

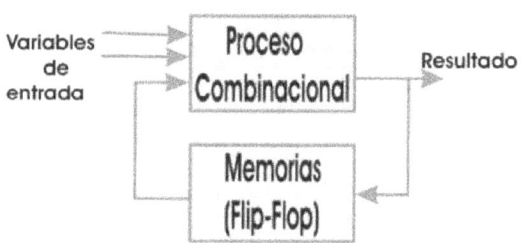

Figura 35 - Partes de un proceso secuencial.

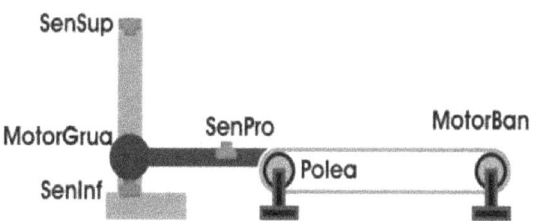

Figura 36 - Esquema de situación de los 2 actuadores.

que tiene toda la estructura para poder llevar a cabo las condiciones de seguridad propias del sistema de control, e internamente, dentro de cada bloque, que representa un proceso, se encuentra una etapa constituída por un proceso combinacional. Este reacciona de inmediato de acuerdo a las condiciones que estén presentes. El bloque del proceso también cuenta con una salida que se retroalimenta nuevamente a la entrada, pero a través de un conjunto de memorias temporales también conocidas como flip-flops. El resultado final se encuentra constituído tanto por las condiciones de entrada como con la retroalimentación, siendo válido esto para todos los bloques, por lo que la salida del resultado sirve como entrada de condiciones para el siguiente proceso. Por lo descrito anteriormente, se pueden enumerar las distintas partes que deben agregarse a un programa de PLC bajo el concepto de programación secuencial. Las partes son las siguientes:

• Condiciones.- Estado de los sensores y botones de arranque y paro.

• Banderas Identificadoras de Etapa.- Ubican la etapa en que se encuentra el proceso productivo que está presente en determinado instante.

• Memorias Temporales.- Estas memorias guardan el estado temporal en que se encuentran las banderas identificadoras de etapa.

• Salidas controladoras de actuadores.- Representan el resumen de las condiciones que tienen que irse cumpliendo, hasta que se reporta la activación final de determinado actuador.

Todo lo expresado líneas arriba suena muy bien, pero para saber exactamente qué es lo que significa todo esto, tenemos que hacer uso de un ejemplo para de esta manera comprender la parte teórica.

Del esquema de la figura 36 podemos visualizar que existen 2 mecanismos principales, a través de los cuales procederemos a desplazar ciertos productos que se encuentren en una parte o fracción de la línea de producción. Supongamos que, como primer paso, el producto se colocará de alguna manera sobre la banda transportadora; por lo tanto, para que ésta pueda ser activada, se tiene que presionar un botón para que lleve el producto desde el extremo derecho al izquierdo de la misma banda. La banda transportadora se detendrá hasta que el producto que se quiere desplazar se ubique sobre el sensor identificado como "SenBan". Este sensor está colocado físicamente sobre el brazo de la grúa y tiene, por misión, detectar al producto que se ha depositado de forma adecuada sobre la grúa. Esta acción provocará que el motor que proporciona el movimiento a la banda, identificado como "MotorBan", se detenga.

Una vez que el producto se encuentra sobre la grúa, ésta tiene que desplazar su brazo hacia arriba; por lo tanto, el motor identificado como "MotorGrua" debe proporcionar un movimiento ascendente. Cuando el brazo de la grúa se encuentre colocado en la parte superior, se iniciará el conteo de un temporizador que poseerá el valor de tiempo adecuado como para que un operador u otro mecanismo descargue el producto de la parte superior de la grúa. Este tiempo lo podemos ajustar en 3 segundos, y una vez transcurrido este tiempo, el brazo tiene que regresar a su posición original. Consecuentemente se debe suministrar un movimiento descendente al motor identificado como "MotorGrua", y de esta manera la grúa se ubicará sobre la parte inferior; de nuevo, se puede reproducir todo el proceso para acomodar un nuevo producto y la manera de saber en qué posición se encuentra el brazo de la grúa es mediante los sensores "SenInf" y "SenSup".

Lo importante de este proceso es observar que en primer lugar la grúa no debe desplazar su brazo hacia arriba si antes no se encuentra el producto sobre ésta; por otra parte, la banda transportadora no debe activarse a menos que el brazo de la grúa se encuentre en la parte inferior, etc. Si nos damos cuenta, debemos organizar y sincronizar todos los movimientos de los actuadores involucrados en el proceso. Esta acción es la que precisamente involucra un algoritmo de programación secuencial, ya que las diferentes etapas que deberán estar presentes en el programa se deben ir cum-

CONTROL LOGICO PROGRAMABLE

pliendo de acuerdo a las condiciones que van reportando los sensores y el botón de inicio. Cabe aclarar que, para este ejemplo, no estamos tomando en cuenta todos los aspectos de seguridad que por diferentes normas debemos acatar. En este ejemplo tan sólo estamos haciendo referencia a una pequeña fracción de un proceso productivo, por lo que el programa resultante que controlará los 2 actuadores de este proceso está dedicado a la actividad anteriormente descrita.

En este ejemplo, se están utilizando motores de CD que por razones obvias fueron los que empleamos para ilustrar y probar el correcto funcionamiento del programa, pero en una situación real, en un proceso con actuadores industriales, seguramente se utilizarán motores de CA, lo cuál no implica mayor problema ya que el concepto es el mismo, pues para controlar los motores de CA se tienen que intervenir las fases de sus acometidas, y en pocas palabras, estamos hablando de lo mismo.

En la figura 37 se encuentra ilustrado por medio de una maqueta el ejemplo de una parte de un proceso industrial, en donde el proceso tiene que realizar lo siguiente:

1º Paso.- Presionar el botón de inicio, para que la banda comience a girar y coloque el producto sobre la grúa.

2º Paso.- Al colocarse el producto sobre la grúa, se desactiva la banda y el brazo de la grúa se eleva.

3º Paso.- Al llegar a la parte superior, el brazo de la grúa se detiene y se activa un temporizador que cuenta un tiempo de 3 segundos.

4º Paso.- Cuando el temporizador termina su conteo, el brazo de la grúa descenderá.

5º Paso.- Al descender el brazo de la grúa, está todo dispuesto para iniciar una nueva secuencia.

En la figura 38 se observa el diagrama de tiempos que debe cumplirse para que el proceso secuencial sea seguro y sobre todo no se permita acceder a una etapa siguiente si es que las

Figura 37 - Maqueta que representa a un modelo real.

condiciones previas no han sido cumplidas en su totalidad.

Resultaron 6 pasos totales en donde precisamente el paso Nº 6 representa el inicio del proceso. Por otra parte, se debe tener en cuenta qué elemento, activado en alguna parte del programa, debe desactivarse, o viceversa, si un elemento comienza activado y se desactiva, en alguna parte del programa se debe activar nuevamente, o dicho en palabras coloquiales: todo lo que sube tiene que bajar. Este es un buen método para realizar una primera inspección a nuestro programa, y después ya podemos pasar a utilizar el simulador del programa del PLC para verificar la lógica del programa y proceder en consecuencia si éste no tiene problemas para programar al PLC.

Los elementos que están identificados como Marca0, Marca1, Marca2 y Marca3 están ocupando un espacio como si de un actuador se tratara, pero en realidad la tarea que tienen es la de indicar qué etapa del proceso se está llevando a cabo, por lo que su acción está memorizada mientras la etapa debe estar presente, y una vez cubiertas las condiciones las marcas se irán desactivando y activando las subsiguientes.

Por ello, se encuentran identificadas con un color diferente de los 2 primeros renglones. Estas marcas nos hacen referencia a una serie de "salidas internas" dentro del PLC.

El elemento identificado como Temp0 se refiere a un temporizador que será empleado para llevar a cabo el conteo del tiempo en que el brazo de la grúa debe permanecer en la parte superior. Este elemento también representa una salida interna como las anteriores, no teniendo un reflejo hacia los terminales de salida del PLC, pero sí contribuye con su efecto al desarrollo del programa.

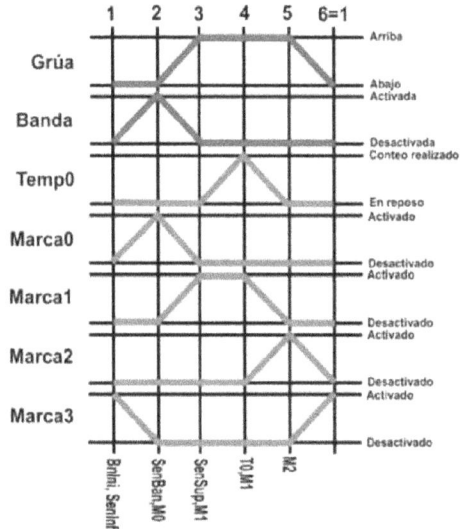

Figura 38 - Diagrama de tiempo del proceso industrial.

Programación Mediante Diagramas de Tiempos

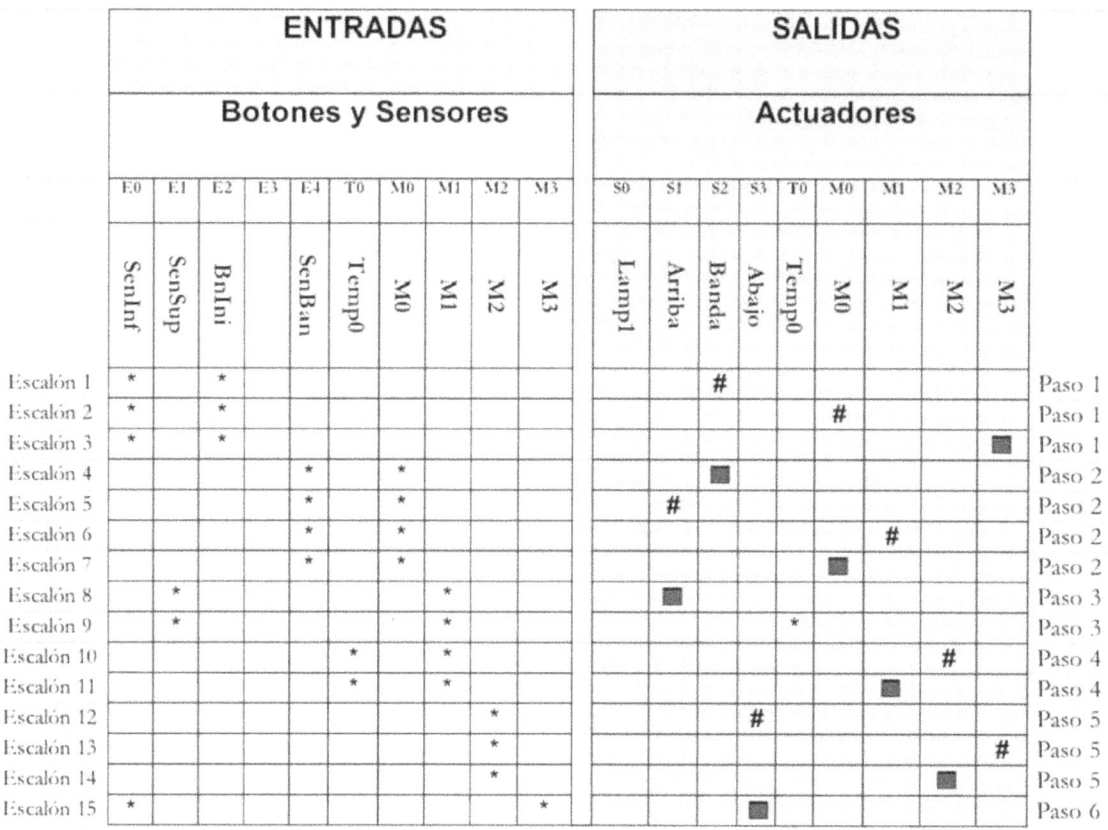

Figura 39 - Implementación del sistema con tablas.

Los elementos identificados como Grúa y Banda son los únicos que pueden considerarse para ocupar los terminales de salida del PLC, y sobre ellos se mostrarán los movimientos mecánicos de los actuadores. Lo que se observará en una situación real es el desplazamiento del producto desde el inicio de la banda transportadora hasta la parte superior de la grúa.

Al observar el diagrama de tiempos, nos podemos dar cuenta de manera implícita del movimiento de los actuadores y de las condiciones que deben cumplirse, pero para que se comprenda de forma completa, ahora procederemos a llenar la correspondiente tabla que nos auxilia en la programación del PLC, y prácticamente la tabla es un reflejo de lo que se observa en el diagrama de tiempos.

Para leer adecuadamente la tabla, colocamos nuevamente el significado de los símbolos empleados en la tabla de la figura 39, y que se describen a continuación:

* - Accionamiento de entrada momentáneo.

- Activación de salida memorizada.

— Desactivación de salida memorizada.

De la tabla de la figura 39 vamos a tomar todas las condiciones lógicas que son necesarias para que, a partir de ésta, diseñemos el programa del PLC. Este realizará las actividades de automatización del proceso industrial;

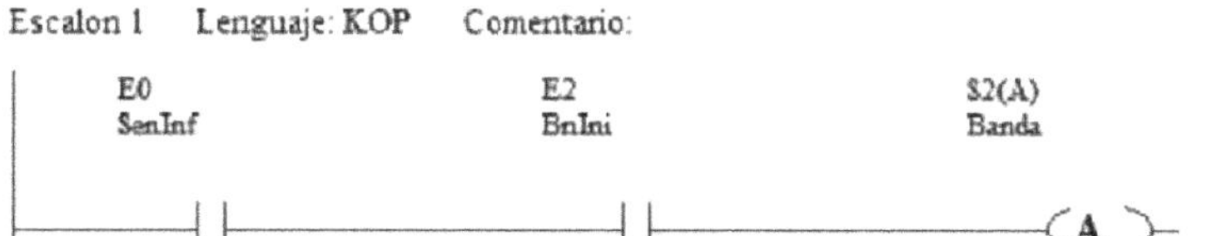

Figura 40 - Condiciones para implementar el paso 1 del diagrama de tiempos.

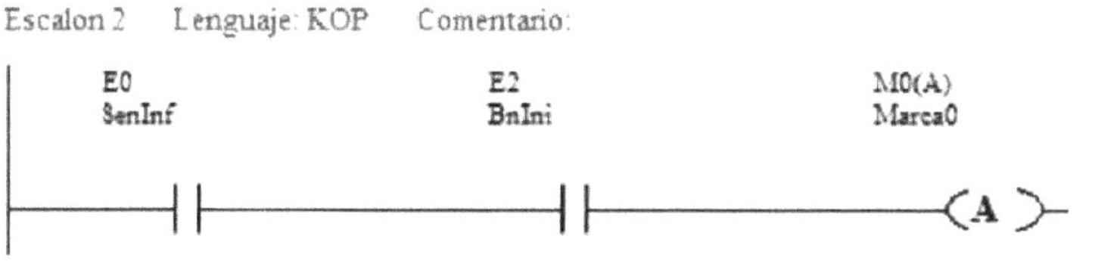

Figura 41 - Condiciones para implementar el paso 1 del diagrama de tiempos.

CONTROL LOGICO PROGRAMABLE

por lo tanto, procederemos a explicar el programa en su correspondiente lenguaje en escalera.

Las figuras 40, 41 y 42 representan las condiciones que se requieren para implementar el paso número 1 del diagrama de tiempos. En el escalón 1 se muestra que, para que la banda comience a girar, se debe tener como condición que el brazo de la grúa se encuentre en la posición inferior. El sensor que verifica esta condición está implementado por medio del sensor inferior "SenInf". Además, se debe haber presionado el botón de inicio "BnIni".

Para identificar el paso 1, una vez que se cumplieron las condiciones de los sensores SenInf y BnIni, se activa de manera memorizada La memoria temporal identificada como "Marca0". Como el paso 1 es lo mismo que el último paso, se comienza desactivando la memoria temporizada identificada como "Marca3". Por lo tanto, para el paso 1 se activa únicamente la marca 0.

Las figuras 43, 44, 45 y 46 nos muestran las condiciones que se necesitan para que se lleve a cabo el paso 2, y éstas son que el producto se ubique sobre el brazo de la grúa. Esta acción es detectada por medio del sensor "SenBan", y para acceder al paso 2 previamente tuvo que haberse activado el paso 1, identificado por medio de la condición "Marca0".

Dentro del paso 2 las acciones que se llevarán a cabo son: detener la banda transportadora, accionar el brazo de la grúa con un movimiento ascendente, activación de la marca que identifica al paso 2 "Marca1" y la consecuente desactivación de la "Marca0" que identifica al paso 1.

Las figuras 47 y 48 nos representan las condiciones que se tienen que cumplir para ingresar al paso 3; por lo tanto, las condiciones que se requieren son que se detecte el momento en que el brazo de la grúa llega a su posición superior, identificada esta actividad por el accionamiento del sensor "SenSup", además de la condición precedente del paso 2 "Marca1".

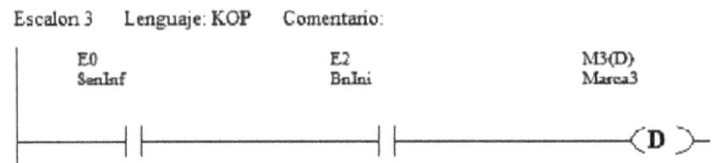

Figura 42 - Condiciones para implementar el paso 1 del diagrama de tiempos.

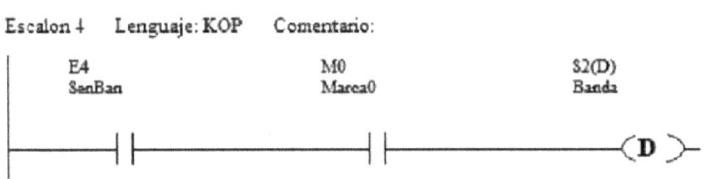

Figura 43 - Condición para implementar el paso 2 del diagrama de tiempos.

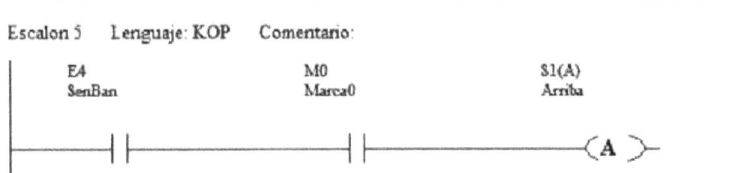

Figura 44 - Condición para implementar el paso 2 del diagrama de tiempos.

Figura 45 - Condición para implementar el paso 2 del diagrama de tiempos.

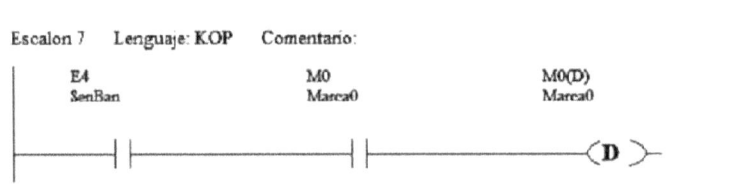

Figura 46 - Condición para implementar el paso 2 del diagrama de tiempos.

Figura 47 - Condición para implementar el paso 3 del diagrama de tiempos.

Programación Mediante Diagramas de Tiempos

El ingreso al paso 3 acciona la desactivación del motor que desplaza el brazo hacia arriba, pero esto no quiere decir que el mecanismo se baje. Al mismo tiempo que se desactiva el motor del brazo de la grúa, se activa el temporizador Temp0 con un tiempo de 3 segundos.

Las figuras 48 y 50 indican un cambio de marcas, esto es, se activa la "Marca2" y se desactiva la "Marca1". Esta actividad representa un cambio de paso y ahora nos encontramos en el paso 4. La condición para acceder a éste es la indicación de que el temporizador ha realizado su conteo de 3 segundos, y para llegar al paso 4 previamente se tenía que estar en el paso 3; por lo tanto, también se requiere como condición la "Marca1".

Las figuras 51, 52 y 53 corresponden al paso 5 del programa secuencial, y para acceder a éste la condición es que se active la "Marca2". Las acciones que se llevarán a cabo dentro de este paso son: que el brazo de la grúa se desplace con su movimiento hacia abajo, y que se active la "Marca3", que es la que identifica al paso 5, y se desactive la "Marca2", que representaba al paso anterior.

Por último, la figura 54 identifica en qué momento el brazo de la grúa llega a la posición inferior. Esta actividad representa una condición que es proporcionada por el sensor "SenInf", y cuando esta actividad es detectada junto con la "Marca3" del paso 5, entonces se desactiva el motor que provoca que el brazo de la grúa descienda, dando origen a la colocación de los actuadores en su posición original para que estén preparados para comenzar un nuevo proceso.

Como se ha tomado nota a lo largo de este ejemplo, el proceso secuencial requiere condiciones obligatorias para que se vaya dando la progresión del programa.

Las condiciones son originadas principalmente por los sensores que se encuentran instalados en los distintos mecanismos, pero también se requieren condiciones que al principio no se ubican de manera implícita, y es aquí donde comienza el proceso de programación, porque una vez que hemos identificado la totalidad de pasos que tienen que cumplirse en el proceso de automatización industrial, se tienen que agregar tantas memorias temporales como pasos nos resulten, y las memorias temporales, también conocidas como marcas, flip-flops o salidas internas, se convierten en las condiciones

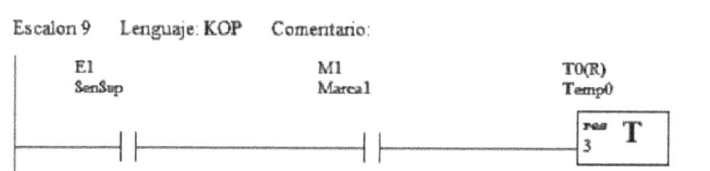

Figura 48 - Condición para implementar el paso 3 del diagrama de tiempos.

Figura 49 - Condición para implementar el paso 4 del diagrama de tiempos.

Figura 50 - Condición para implementar el paso 4 del diagrama de tiempos.

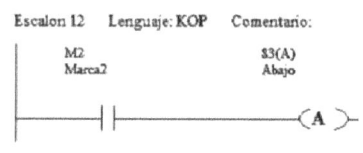

Figura 51 - Condición para implementar el paso 5 del diagrama de tiempos.

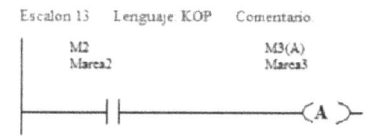

Figura 52 - Condición para implementar el paso 5 del diagrama de tiempos.

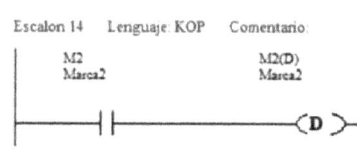

Figura 53 - Condición para implementar el paso 5 del diagrama de tiempos.

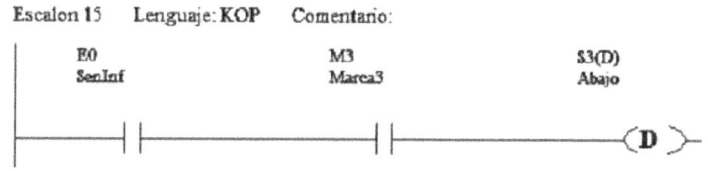

Figura 54 - Condición para implementar el paso 6 del diagrama de tiempos.

CONTROL LOGICO PROGRAMABLE

precedentes que van marcando el cumplimiento de los distintos pasos.

Sabemos que, al darle lectura a este material y realizar el ejercicio, no es suficiente pensar que ya somos expertos en la programación secuencial de un PLC, pero también sabemos que, poco a poco, con ejercicios pequeños y simples, podemos ir adquiriendo un poco de experiencia como para animarnos a programar un PLC y poner en práctica nuestros conocimientos, conectándole pequeños actuadores parecidos a los que propusimos en este ejemplo.

En el futuro continuaremos con ejercicios de programación secuencial, ya que este método es el que se tiene que emplear obligatoriamente para que los programas de procesos industriales sean seguros y no se causen desperfectos que redunden en perjuicio de seres humanos, recursos materiales y económicos. ✶✶✶✶✶✶

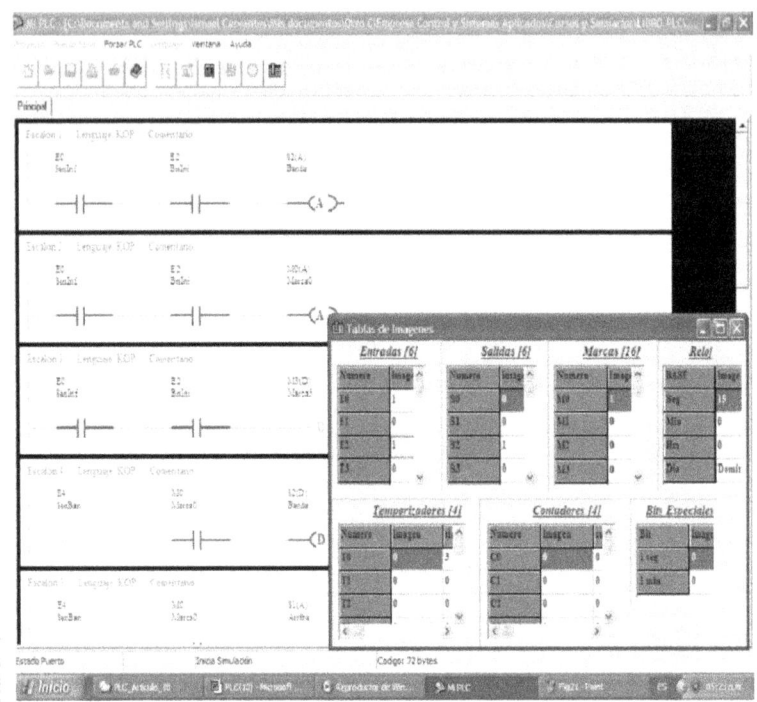

Figura 55 - Vista del entorno de programación con el simulador.

CONCEPTOS GENERALES DE SOLUCIÓN DE PROBLEMAS.

1.- Definir y delimitar el problema.
Es necesario conocer perfectamente el problema antes de intentar si quiera resolverlo, Esto Quedando claro el objetivo, conocer los limites de los requerimientos, establecer los parámetros que intervienen siendo completos en los detalles.

2.-Establecer alternativas de solución y *seleccionar la que prometa ser más viable*, mediante un análisis detallado de beneficios y desventajas, así como los costos tentativos económicos, de tiempo de solución, flexibilidad y continuidad de la solución.

3.- Programar una secuencia de solución para ello se requiere asignar prioridades seccionando el problema en sus partes constitutivas (dividir la solución en bloques) y definiendo el orden en que deben realizarse y quien debe realizarlas.

4.-Considerar lo referente a entradas y salidas, definiendo que dispositivos van a estar asociados a la solución y en que forma van a intercambiar información además del estudio técnico y de operación de dichos componentes.

5.-Establecer un plan de servicio que garantice la continuidad del servicio y operación bajo fallos del sistema no previstos de nuestra propuesta de solución, mediante manuales técnicos y procedimientos de operación y mantenimiento.

INTRODUCCIÓN A CONTROLADORES LÓGICOS PROGRAMABLES PLC´S

DEFINICIÓN DEL PLC:
Un PLC es un control computarizado el cual cuenta en su interior con una mini computadora con procesador X86, 80486, Pentium y muchos otros que usan arquitectura Von Neumann en este tipo de arquitectura los datos y la memoria del programa se encuentran en el mismo espacio de direcciones y hace uso de un conjunto de instrucciones tipo *RISC* (Reduced Instruction Set Computer). Este microcontrolador tiene la forma minina de una computadora y contiene una cantidad de memoria del sistema y memoria para el usuario, y una cantidad variable de funciones y puertos, contiene un programa o mini sistema operativo que administra el hardware y una interfase que permite al usuario introducir el programa solución llamado también cargador (loader).

El PLC.

Una manera de iniciar en el campo de los controladores programablees en la consideración de tener en cuenta conocimientos básicos de electrónica digital y electricidad básica, un poco de computación, y conocimientos previos de controles con relevadores.

Los elementos de control lógicos que realizan funciones tales como las usadas en electrónica digital (*And, Or, Nand, Nor, Xor,* etc), estos elementos y otros tales como *temporizadores, contadores, registros de corrimiento, banderas,* etc; son usados para controlar el arranque y paro de motores automatizar procesos de producción en la industria, construir sistemas de alarmas, sistemas de ahorro de energía, sistemas de neumática, hidráulica y tantos atrás aplicaciones en las que los elementos mencionados son usados en conjunto para resolver problemas de la vida real.

En la mayoría de los casos en la industria los proceso de producción son de variables cambiantes y se requiere sean reajustados constantemente, por tal razón se requiere que las sistemas planteados para realizar tal tarea, sean de características adaptables, que puedan ser reprogramados de manera simple y rápida pues en la industria el tiempo vale dinero.

Cuando se usan *controles lógicos de función fija*, construido con elementos discretos, se convierten en sistemas rígido que solo sirve para realizar esa tarea y no otra, reacondicionarlos resulta muy complicado y requiere de mucho recursos, por ejemplo tiempo y dinero.

Se ve claro que se requiere un *control lógico que se ajuste* y que pueda reprogramarse sin que represente un cambio circunstancial en los circuitos.

Estos requerimientos los cumple un dispositivo conocido en el mercado como PLC mencionado anteriormente y creado para resolver una gran cantidad de problemas de manera fácil rápida, económica y confiable pues reduce el número de componentes del sistema, y aun más cuando los sistemas son muy complejos.

Algunos PLC comerciales son muy variados según su aplicación
y marca, como: Square-D, Siemens, Festo, Allen-Bradley, etc.

Los PLC han evolucionado en el transcurso de 10 años pues la funciones, memoria, puertos y la interface de programación han mejorado mucho.

Por ejemplo el PLC de FESTO 202 esta descontinuado, así mismo existen PLC de bajo costo que realizan funciones simple y están limitadas en hardware, pero contiene interfaces de programación muy avanzadas y amigables para el programador, como es el caso del LOGO de Siemens el cual se programa mediante bloques (programación visual) interconectados lo cual se traduce en una interfase gráfica mas avanzada y accesible para el programador.

Como ya se mencionó es tarea del programador de PLC y el gerente de producción poder seleccionar el PLC adecuado para satisfacer lo demandado y se tenga una solución fiable y factible para su sistema de control, por ejemplo cuanto dinero se puede gastar, que funciones se requiere que contenga el PLC el número de entradas y salidas, la cantidad de memoria del usuario, si un solo PLC puede realizar todo el proceso y la manera de cargar el programa rápidamente en caso de caídas del sistema, otros posible reajustes del proceso de producción, fallas como perdidas de energía, ruidos, alarmas etc..

Figura general del PLC.

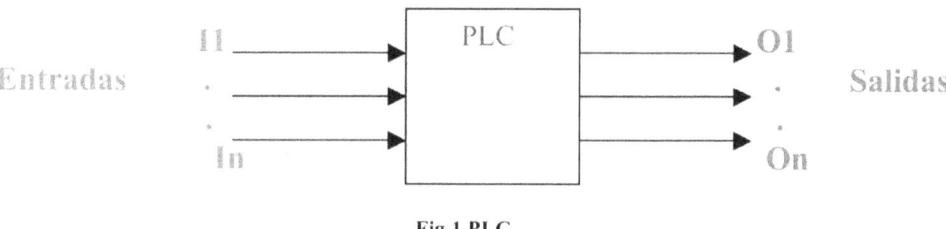

Fig.1 PLC

CONSIDERACIONES BÁSICAS PARA PROGRAMAR UN PLC.

1.- Enunciar claramente el problema, definiendo de manera completa y concisa la labor a realizar, estableciendo las *entradas y salidas* con las que se va a interaccionar, las restricciones existentes en cuanto a *tiempo de ejecución, precisión, memoria disponible,* etc.; e indicar los resultados deseados.

2.- Planear por escrito el algoritmo de solución que describa textualmente las operaciones a realizar y el orden de las mismas.

3.-Dibujar un diagrama de flujo (opcional) que facilite visualizar las diversas operaciones y sus interdependencias, así como subdividir el problema en secciones pequeñas que podamos atacar con mayor facilidad (bloques).

4.-Codificara a diagrama de escalera, traducir la secuencia de operaciones indicadas en el diagrama de flujo en un listado de instrucciones codificadas (objetos de control) separadas en pequeños bloques que nos permitan analizar el programa, esto se logra mediante el uso de un diagrama de escalera.

5.-Convertir y Cargar el programa, el diagrama de escalera se convierte a una lista de instrucciones (lista de mnemónicos) caso de Micro-1, o bien mediante un diagrama de componentes (bloques), según el modelo y marca del PLC, que se introducen por la interfase local del PLC teclado y pantalla o cargador (Loader) también bien mediante una computadora personal puerto serie de la PC → al PLC usando un cable especial para el caso de PLC con programación visual (diagrama de componentes) como el caso del LOGO de Siemens, es necesario convertir el diagrama de escalera en un diagrama de componentes discretos..

6.-Correr y verificar el programa, para verificar que opere correctamente y en caso de no ser así, detectar las fallas y corregirlas, de manera local o remota, si se programa mediante la PC, algunos programas el caso del **LOGO Confort Ver.2,Ver.4,** y **WindLDR Ver. 4.2**, tiene un programador y simulador para verificar que el programa funcione bien antes de cargarlo al PLC

7.-Documentar el programa con texto al margen que indiquen como opera el programa y facilite entenderlo y usarlo, comentarios e instrucciones para el usuario, diagrama a bloques, diagrama de tiempos, mapa de memoria, manual de uso, guía de usuario, respaldo en disco del código, etc.

DIAGRAMA DE ESCALERA, MNEMÓNICOS Y DE COMPONENTES.

Los diagramas de escalera son usados para la representación general de circuitos de control que facilite su análisis mediante el uso de contactos N.A y N.C, Temporizadores, Contadores de eventos, Registros de corrimiento y otros elementos de control, mediante conexiones entre elementos que tiene similitud con una escalera, de aquí su nombre.

El diagrama de escalera le facilita al programador entender, el funciona del programa, pero no son instrucciones que el PLC directamente ejecute para el caso de Micro-1, por lo cual es necesario codificar, el diagrama de escalera se convierte a lista de mnemónicos la cual el PLC si ejecuta en particular modelo y marca, en el caso del PLC de Allen-Bradley llamado (PICO) si se introduce directamente el diagrama de escalera sin convertir a lista de mnemónicos, esta tarea de conversión es propia del programador, para lo cual deberá dedicar tiempo para estudiar la parte técnica y características del PLC a usar. Algunos de los elementos que se usan son los siguientes:

⊣⊢ es la entrada I2 igual a "1" (esta activa?)

⊣⊬ es la entrada I2 igual a "0" (esta desactivada?)

S , R (Set y Reset) activado desactivado
I , O (Input, Output) en el PLC (input 0-17 y output 200-215 con relay interno 400-597)
LOD es un *mnemónico* o instrucción usado para unir cada bloque o inicio de condiciones, en general conexión e interconexión con otro bloque a diferentes niveles indicando después de LOD el elemento que lo antecede seguido del que lo sucede.

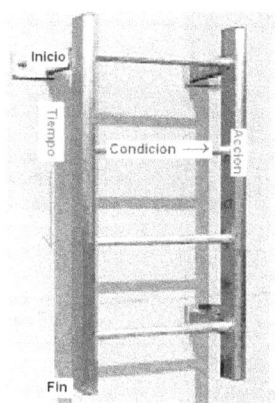

figura. 2 la escalera.

Sintaxis de la lista de mnemónicos:

| (LD) | Condición (s) | Acción (s) |

Un diagrama de escalera tiene su equivalente en lista de mnemónicos

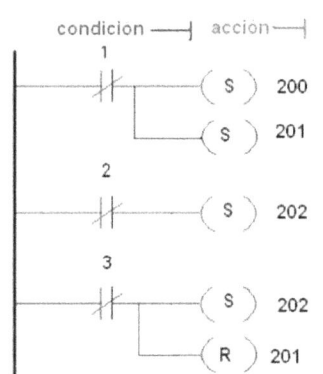 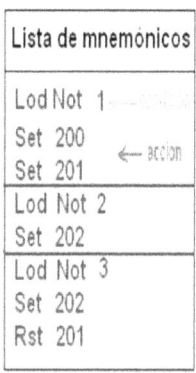

fig. 3 Diagrama de escalera   fig. 4 Lista de mnemónicos.

Se observa que cada mnemónico es un lazo de conexión que incluye un elemento.

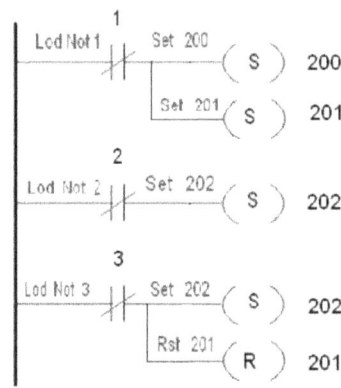

fig. 5 Diagrama de escalera.   fig. 6 Lista de mnemónicos.

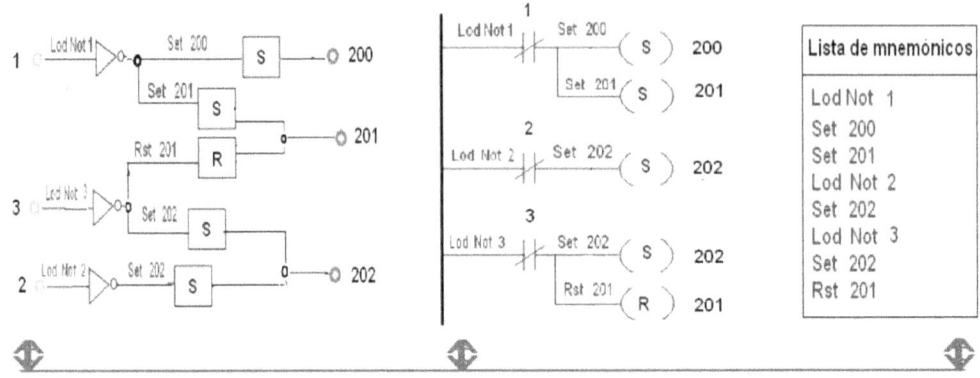

fig. 7a) Diagrama de componentes lógicos.   Fig. **7b)** Diagrama de escalera.   **fig.7c)** Lista de mnemónicos.

De los tres diagramas anteriores podemos convertir pues son equivalentes.
Es claro que el PLC solo puede procesar o ejecutar la lista de mnemónico (caso del Micro-1), si nuestro circuito solución es un diagrama de componentes lógico (fig. 7a) podemos convertirlo a lista de mnemónicos (fig. 7b) y cargarla al PLC de manera local o remota.

Hablando de una función muy importante en los diagramas de escalera que es la función LOD, los Lod nos permiten cargar "alambrar" elementos de control o bloques, la manera correcta de usar es:

| LOD | Elemento que lo antecede | Elemento que lo sucede |

Por ejemplo:

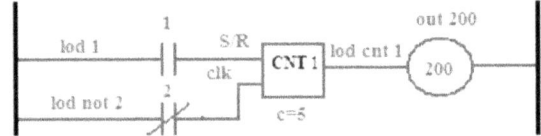

El LOD no lo antecede ningún elemento, pero si lo sucede un Not I1.
Mnemónicos:
LOD NOT 1
SET 200
SET 201

también:

los primeros LOD no son antecedidos por ningún elemento pero si sucedidos por otros I 1 e I NOT 2, pero en el caso del LOD de segundo nivel tenemos que si lo antecede el elemento CNT 1 y lo sucede un out 200.

Mnemónicos:

LOD 1   *lod de primer nivel*
LOD NOT 2   *lod de primer nivel*
CNT 1
5
LOD CNT 1   *lod de segundo nivel*
OUT 200

Por lo que se observa que la función LOD seria equivalente a un cable o alambre que sirve para conectar elementos de control o bloques.

Sintaxis para la alambrada de un bloque:

Observe el siguiente bloque:

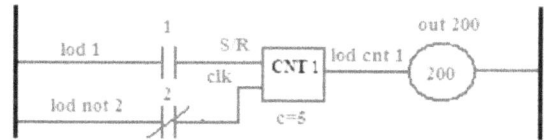

Los elementos de control SET son de una sola entrada y una sola salida por tanto se requiere un solo LOD de entrada y ningún LOD de salida.

Observe el siguiente:

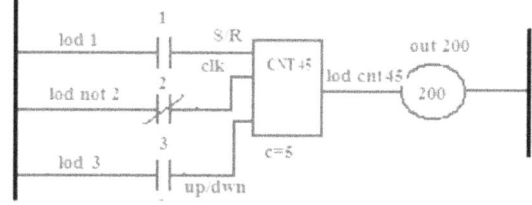

Siempre Alambrar de izquierda a derecha (entradas elementos y salidas) y además de arriba para abajo, el orden si importa.

Como el elemento de control CNT 1 tiene dos entradas se requieren dos LOD de primer nivel para sus dos entradas y un LOD de segundo nivel para su salida única.

Si se tuviera un CNT 45 que es de tres entrada se requieren tres LOD de inicio y un solo LOD para su única salida caso siguiente:

Para el caso de temporizador:

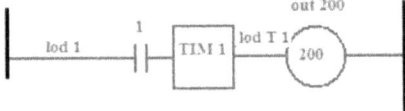

para el caso del Timer es un elemento de una entrada y una salida pero a diferencia del elemento SET este requiere de un LOD de entrada y LOD de salida, en donde pude haber una o mas acciones, en este caso solo una, OUT 200.

Una vez construido el diagrama de escalera podemos convertir a diagrama de componentes mediante una traducción directa, como se menciono anterior mente, con el fin de programar a LOGO.

Un ejemplo de aplicación:

El PLC tiene muchos mas componentes que de la misma manera podemos "alambrar" para la conexión de bloque o elementos, resulta mas fácil partir de un circuito solución como en la fig. 7a pues estamos mas acostumbrados a este tipo de circuitos.

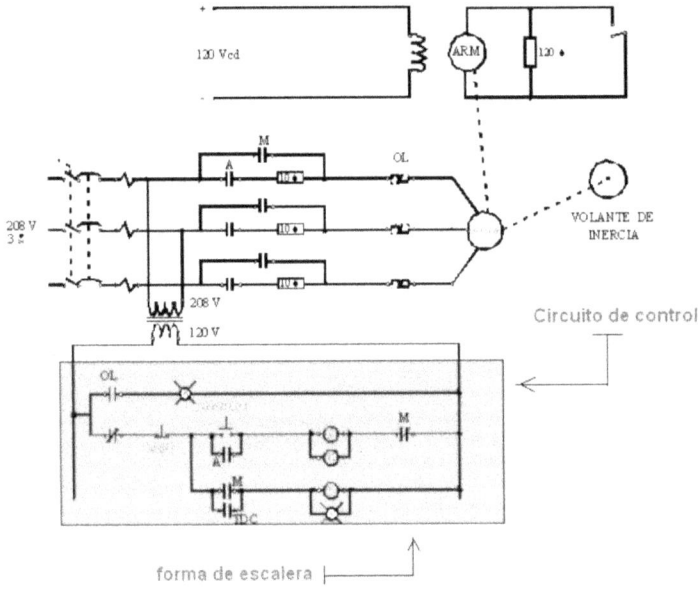

Figura 8. Circuito de control tradicional.

El mismo circuito pero con un PLC.

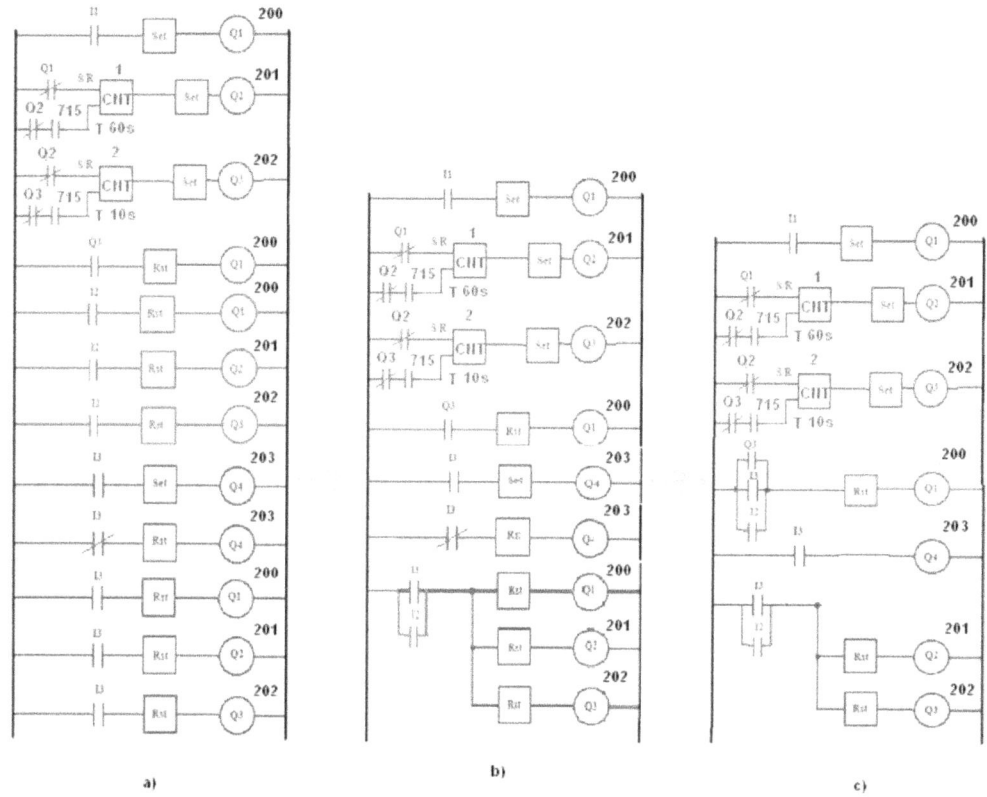

Figura 11 a) Diagrama escalera completo b) 1a. simplificación c) 2a. simplificación

En LOGO es así:

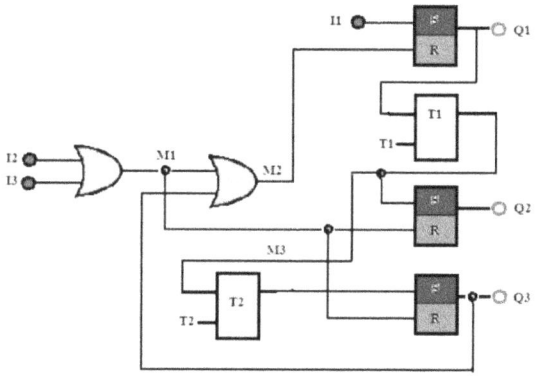

Figura 12. Diagrama de componentes solución para PLC LOGO.

Y en SQUARE D:
Pasamos del diagrama de escalera a la lista de mnemónicos así:

83

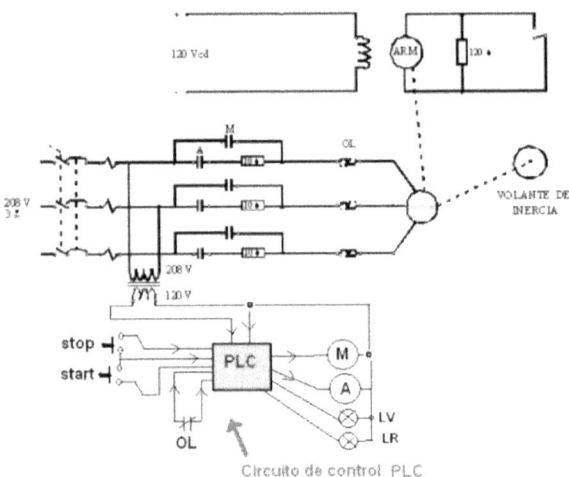

Figura 9. Circuito de control con PLC.

1.- En primer lugar.

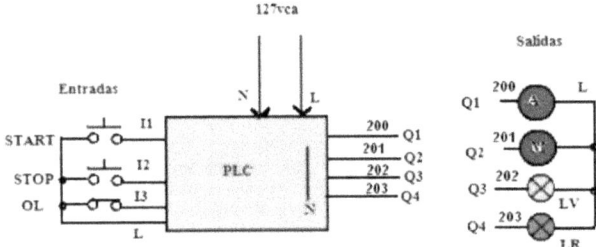

figura 10 etapa de control.

Plantear el diagrama general en bloque del control sus elementos de entrada y salida.
2.- hacer una lista de instrucciones de operación del control bajo consideración de condición < - > acción:

Lista de condiciones y acciones.

a) si I1 = 1 activar Q1 y T1
       si T1 =1 activar Q2 y T2
         si T2=1 activar Q3
            desactivar Q1.
b) **si I2 =1** desactivar Q1, Q2, Q3.
c) **si I3 =1** activar Q4.
       desactivar Q1, Q2,Q3.

3.- creación del diagrama de escalera:

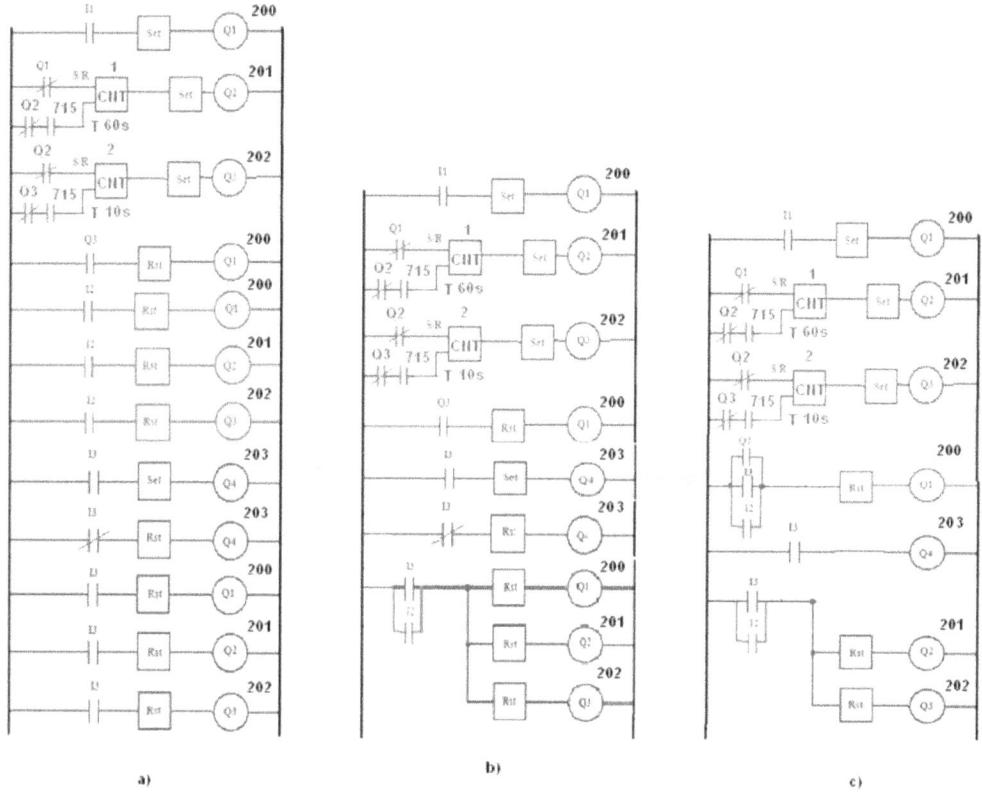

Figura 11 a) Diagrama escalera completo b) 1a. simplificación c) 2a. simplificación

En LOGO es así:

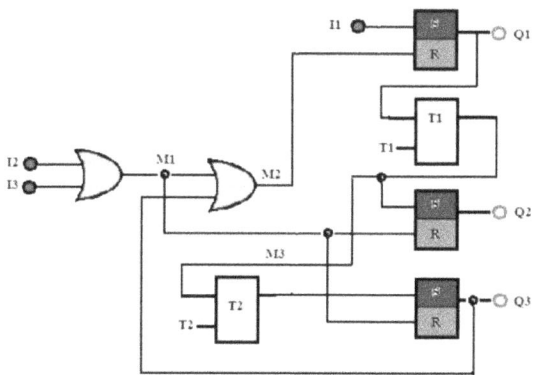

Figura 12. Diagrama de componentes solución para PLC LOGO.

Y en SQUARE D:
Pasamos del diagrama de escalera a la lista de mnemónicos así:

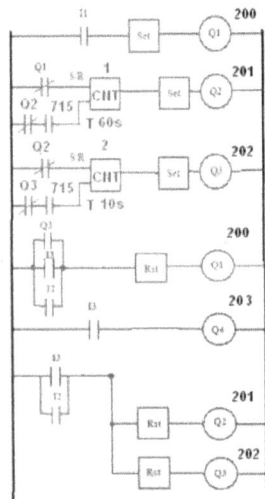

PARA SQUARE-D

		Condicional		Acción
Bloque	línea	Mnemónico -I	Mnemónico -II	Mnemónico -III
1	1	LOD		1
	2	SET		200
2	3	LOD	NOT	200
	4	LOD	NOT	201
	5	AND		715
	6	CNT		1
	7	60		
	8	LOD	C	1
	9	SET		201
3	10	LOD	NOT	201
	11	LOD	NOT	202
	12	AND		715
	13	CNT		2
	14	10		
	15	LOD	C	2
	16	SET		202
4	17	LOD		202
	18	OR		3
	19	OR		2
	20	RST		200
5	21	LOD		3
	22	SET		203
	23	LOD	NOT	3
	24	RST		203
5'	21	LOD	OUT	203
6	25	LOD		3
	26	OR		2
	27	RST		201
	28	RST		202
	29	END		

Practica 10 uso y conexiones de entradas y salidas del plc y RI (logo)

Actividades:

Practica 10.1
Actividades:

Un circuito de control que realice las siguientes funciones:

Al presionar el botón 1 se active la salida 200 y 201 durante 5 seg. y se des active después de ese tiempo solo la salida 201

Si presionamos el botón 2, después de 5 veces que se presione, se desactive la salida 200 y si presionamos el botón cero se desactive todo y contador =0.

Lista de acciones:
Si i1=1   activa la salida 200, 201 y T1=5seg.
Si T1=1 desactiva 201
Si i2 =1 incrementa contador CNT1
Si cnt1 =5 entonces desactiva salida 200
Si i0=1 resetea salidas 200, 201 y cnt1

Diagrama de escalera:

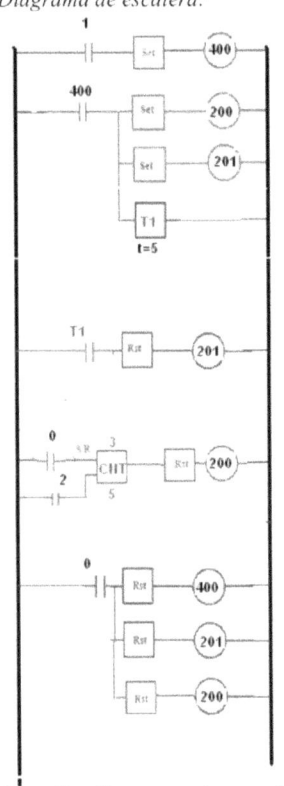

Figura 11 a) Diagrama escalera completo

programa convertido a micro-1

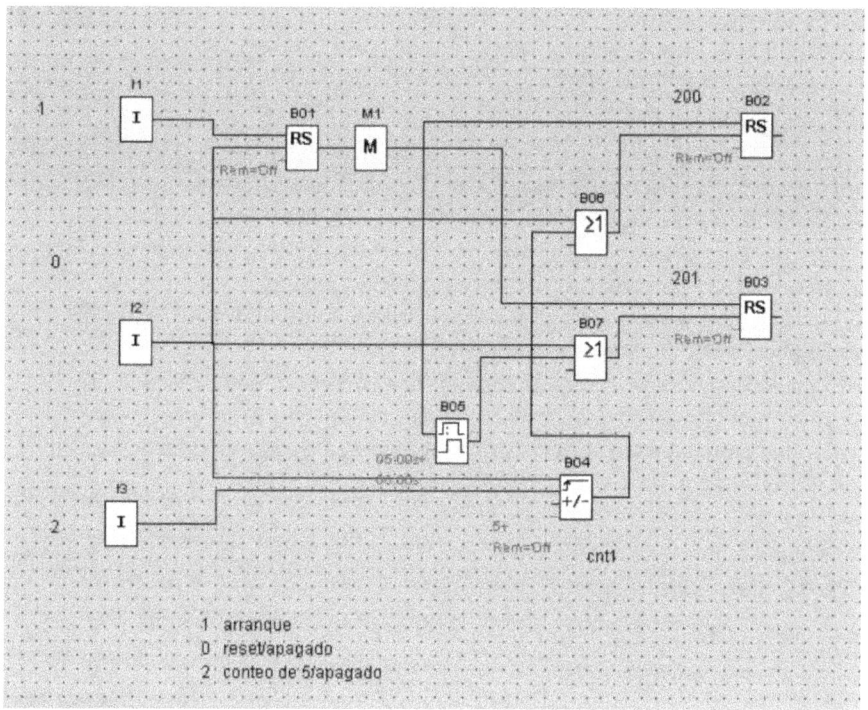

programa convertido a logo:

Practica 11 contadores y temporizadores:

En logo:
En micro-1
Los timer son **elementos de control que sirven para contar un tiempo definido**, *podemos encontrar timer de activación, desactivación y otros especiales.*
Los contadores son elementos usados para contar eventos, pulso, tiempo.

Timers : (00-79) rango de tiempo 0.1-999.9 seg.
Contadores : (00-44)0-9999 rango de conteo eventos
Contadores reversibles: (45-46) rango de conteo 0-9999 eventos

Actividades de la practica.
5.- realizar el diagrama de escalera de las sig. Instrucciones:
a.- arrancar el motor después de 10 seg.
b.- y mantener trabajando el motor durante 15 segundos y después para el motor
c.- usar un botón de arranque y uno de paro.
6.- el proceso de arranque y paro se repite 5 veces seguidas
7.- realizar el diag. de tiempos del anterior.
8.- programar el plc sin alambrar la parte de potencia.
9.-arme la parte de control y potencia.

Tanto en Logo como en micro-1, existen banderas o marcadores que son lugares o espacios de memoria que son usados por el programador para guarda un estado temporal de una salida.

El programa en Micro-1

Para construir un timer que tenga función de stop-reset podemos hacerlo usando un contador de eventos. Como se ve en el diagrama siguiente, en donde se usan un oscilador interno conocido como contacto intermitente de 100ms (715). En donde un conteo de 150 pulsos del contacto intermitente 715 sumaria un total de 15 segundos.

El timer T1 es usado para genera un impulso de reciclo o reactivación de los timer, este tiempo deberá considerarse en el diagrama de tiempos.

El contador CNT3 es usado para contar el y limitar el numero de veces que se recicla el programa que son 5.

En el caso del Micro-1 las banderas son nombrados o llamados relevadores internos y son un total de 160, de la 400-407 de la 410-417 tetc.)Consulte manual) bloques de

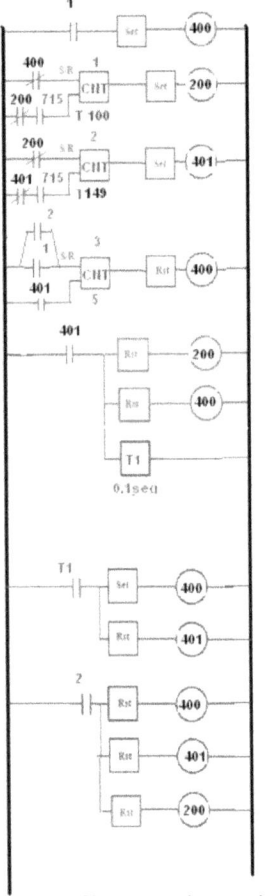

Figura 11 a) Diagrama escalera completo

El programa en LOGO:

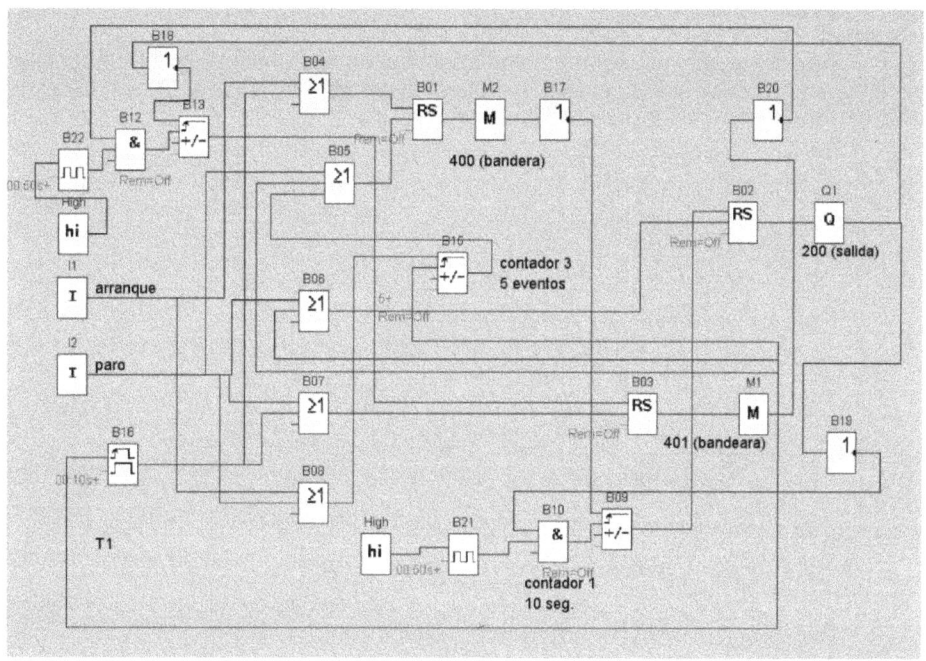

Elementos Usados de LOGO.
Relé disipador activado por flancos.

Descripción breve
Una señal de entrada genera a la salida una señal de duración parametrizable (con redisparo).

Símbolo en LOGO!	Cableado	Descripción
Trg —⎍— Q	Entrada Trg	A través de la entrada Trg (trigger) se inicia el tiempo para el relé disipador activado por flancos.
	Parámetro T	T es el tiempo tras el que debe desactivarse la salida (la señal de salida pasa de 1 a 0).
	Salida Q	Q se activa con Trg y permanece activada hasta que haya transcurrido T.

Parámetro T
Ajuste el valor para el parámetro T según lo expuesto en el apartado 4.3.2.

Diagrama de temporización

 El sector del diagrama de temporización representado en negrita aparece también en el símbolo para el relé disipador activado por flancos.

Descripción de la función
Cuando la entrada Trg ocupa el estado 1, la salida Q se conmuta inmediatamente a estado 1. A la vez se inicia el tiempo T_a. Cuando T_a alcanza el valor ajustado a través de T ($T_a=T$), es repuesta la salida Q al estado 0 (emisión de impulsos).

Si la entrada Trg pasa nuevamente de 0 a 1 antes de transcurrir el tiempo preajustado (redisparo), se repone el tiempo Ta y la salida permanece activada.

Contador adelante/atrás.

Descripción breve

Según la parametrización, un impulso de entrada incrementa o decrementa un valor de cómputo interno. Al alcanzarse el valor de cómputo parametrizable, es activada la salida. El sentido del cómputo se puede invertir a través de una entrada específica.

Símbolo en LOGO!	Cableado	Descripción
R Cnt Dir Par	Entrada R	A través de la entrada R se reponen a 0 el valor de cómputo interno y la salida.
	Entrada Cnt	El contador cuenta los cambios del estado 0 al estado 1 registrados en la entrada Cnt. No se cuentan los cambios del estado 1 al 0. Máxima frecuencia de cómputo en los bornes de entrada: 5 Hz
	Entrada Dir	A través de la entrada Dir (dirección) se indica el sentido de cómputo: Dir = 0: cómputo progresivo Dir = 1: cómputo degresivo
	Parámetro Par	Lim es el valor límite que debe alcanzar el cómputo interno para que se active la salida. Rem: Activación de la remanencia
	Salida Q	Q se activa al alcanzarse el valor de cómputo.

Diagrama de temporización

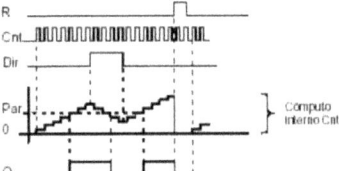

Descripción de la función.

Por cada flanco positivo en la entrada Cnt, se incrementa en uno (Dir = 0) o disminuye en uno (Dir = 1) el contador interno. Cuando el valor de cómputo interno es igual o mayor que el valor asignado a Par, se conmuta la salida Q a 1. A través de la entrada de reposición R es posible reponer a '000000' el valor de cómputo interno y la salida. Mientras R sea = 1, la salida se halla también en 0 y no se cuentan los impulsos en la entrada Cnt.

Parámetro preajustado Par

Parámetro preajustado Par

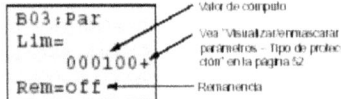

Cuando el valor de cómputo interno es igual o mayor que Par, es activada la salida. Si se rebasa este valor por defecto o por exceso, es detenido el contador. **Lim** debe estar comprendido entre 0 y 999.999. **Rem:** Este parámetro permite activar y desactivar la remanencia para el valor de cómputo interno Cnt. off = sin remanencia on = valor de cómputo Cnt almacenable con remanencia Si está activada la remanencia, se conserva la indicación del contador tras un corte de red y prosigue la operación con dicho valor tras restablecerse la tensión.

Retardo de activación.

Descripción breve

Mediante el retardo de activación se interconecta la salida sólo tras un tiempo parametrizable.

Símbolo en LOGO!	Cableado	Descripción
	Entrada Trg	A través de la entrada Trg (trigger) se inicia el tiempo para el retardo de activación.
	Parámetro T	T es el tiempo tras el que debe activarse la salida (la señal de salida pasa de 0 a 1).
	Salida Q	Q se activa una vez transcurrido el tiempo T parametrizado, si está activada aun Trg.

Parámetro T

Ajuste el valor para el parámetro T según lo expuesto en el apartado 4.3.2.

Diagrama de temporización

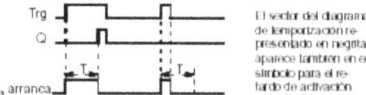

El sector del diagrama de temporización representado en negrita aparece también en el símbolo para el retardo de activación.

Descripción de la función

Al pasar de 0 a 1 el estado en la entrada Trg se inicia el tiempo T_a (T_a es la hora actual en LOGO!). Si el estado de la entrada Trg permanece en 1 por lo menos
mientras dure el tiempo parametrizado T, la salida es conmutada a 1 al terminar el tiempo T (la salida es activada posteriormente a la entrada). Si el estado en la entrada Trg pasa nuevamente a 0 antes de terminar el tiempo T, es repuesto el tiempo. La salida se repone nuevamente a 0 si la entrada Trg se halla en el estado 0. Tras una caída de red se repone nuevamente el tiempo ya transcurrido. Funciones de LOGO!.

DIFERENCIA ENTRE LOS MNEMÓNICOS SET-RESET Y OUT

Para algunas aplicaciones es más conveniente el uso de los mnemónicos SET-RESET, pero para caso en el resultado de la evaluación de las condiciones se asigna al siguiente elemento.

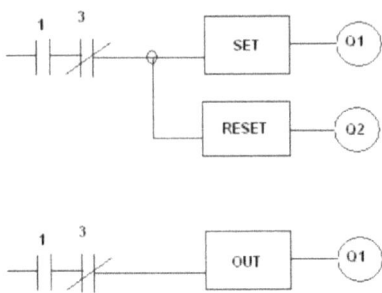

Práctica 11.1
Problema de automatización:
Una banda transportadora de botellas mueve botellas de un punto a otro, existe un sensor óptico que detecta las botellas en el fin de banda el cual deberá para al motor de la banda transportadora. En el caso que el sensor no detecte botellas deberá activar el motor de la banda y si en un tiempo de dos segundos.

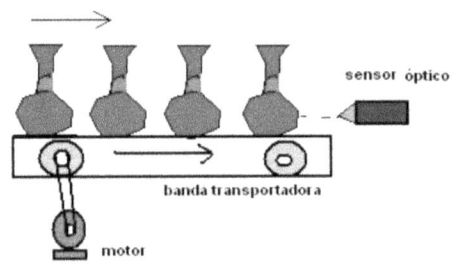

Diagrama del proceso.

Lista de acciones:

1. Si el S1 =0 y T1=0 Hacer: Q1=1, si cualquiera o todas no cumplen hacer: Q1=0.
   Si el sensor no detecta botella y el tiempo de 2 seg. No a sucedido, encender motor.
2. Si el S1=0 activa T1. si S1=1 reset T1.
   Cuando el sensor S1=0 activar timer de 2 segundos (T1).
3. Si el T1=1 Hacer: Q2=1 y si T1=0 hacer Q2=0
   Si el tiempo de 2 seg. termino enciende Q2 donde esta conectada la lámpara indicador.

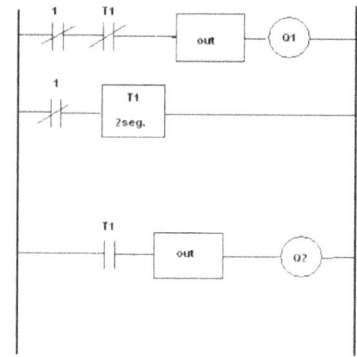

Diagrama de escalera.

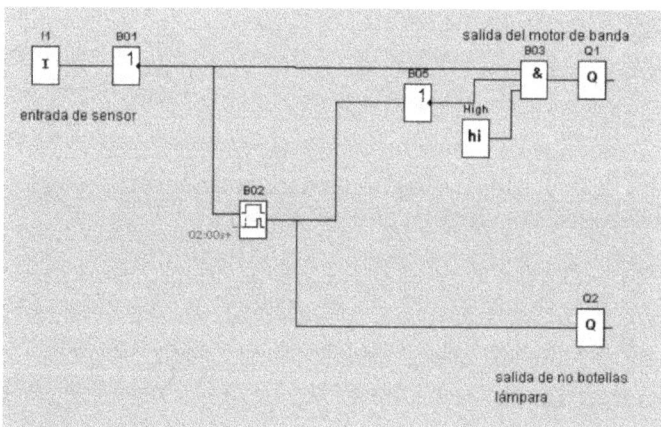

Diagrama para LOGO:

Practica 13.
Aplicación de un PLC en un arrancador de de motor síncrono.
Introducción.
El motor síncrono deberá arrancar como motor jaula de aradilla y después como motor síncrono.

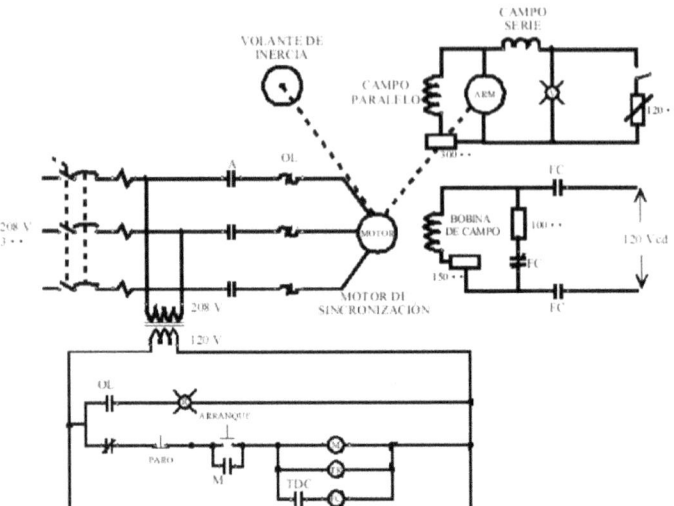

Figura 12.1 Arrancador de motor síncrono

Lista de actividades:
Realizar el diagrama de escalera de acuerdo a las siguientes instrucciones:
   a. Arrancar la máquina síncrona con una etapa de aceleración de 4 segundos.
   b. Controlar la conexión de la fuente de CD al devanado de campo.
   c. Conectar la carga que alimenta el generador de CD 5 segundos después de haber energizado el devanado de campo de la máquina síncrona.
   d. Detectar si hay sobrecarga en la máquina síncrona, en cuyo caso se debe detener la máquina.
   e. Mantener la máquina operando por 30 segundos y detenerla por un periodo de 10 segundos. Repetir el proceso 3 veces..
11. Hacer el programa en lista de mnemónicos e introducirlo al PLC.
12. Probar el programa sin armar la parte de potencia.
13. Agregue la parte de potencia y el circuito de control

Etapa de control

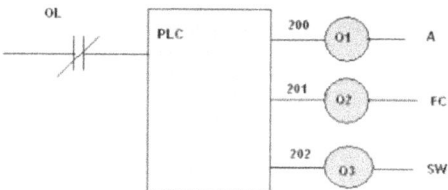

Diagrama de tiempo

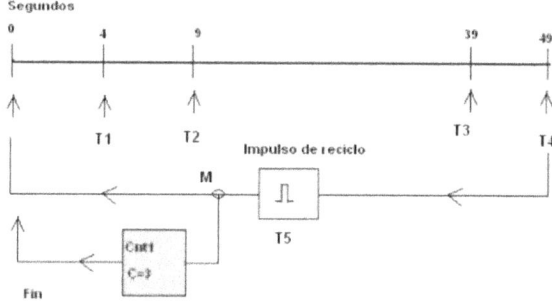

Se ve claro que se requieren cinco Timer conectados en cascada, en donde uno activa al otro y al desactivar el primero todos se desactivan.

Lista de condiciones y acciones:

La bandera **M** se usa para incrementar CNT1 y Reciclar conteo.

1.-si la entrada 1 (OL) =1 y CNT1=0 y el marcador M=1
   -Comienza el conteo en cascada, T1→ T2→ T3→T4→T5.
2.- si el T1=1 y T3=0 hacer Q2=1, si no Q2=0
3.-si el T2=1 y T3=0 hacer Q3=1, si no Q3=0
4.-si el la entrada 1=1 y T3=0, hacer Q1=1, si no Q1=0
5.- si T5=0 hacer M1=1, si T5=1 hacer M=0
6.- si la entrada 1 =0 reset CNT1, si 1=1 activar CNT1
7.- si CNT1=1 parar el conteo y desactivar el reciclo.

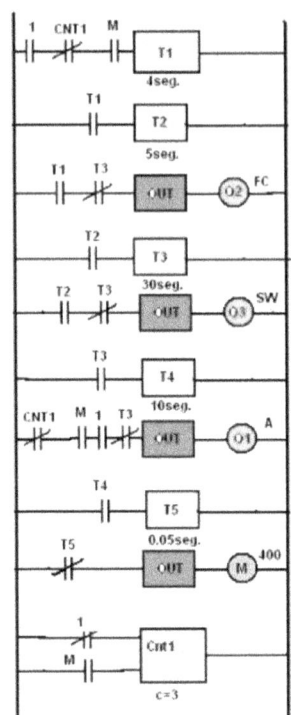

Diagrama de escalera.

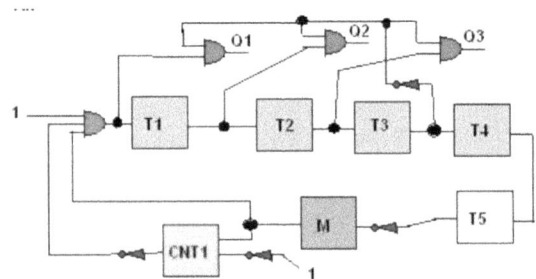

Conversión de escalera a diagrama de componentes.

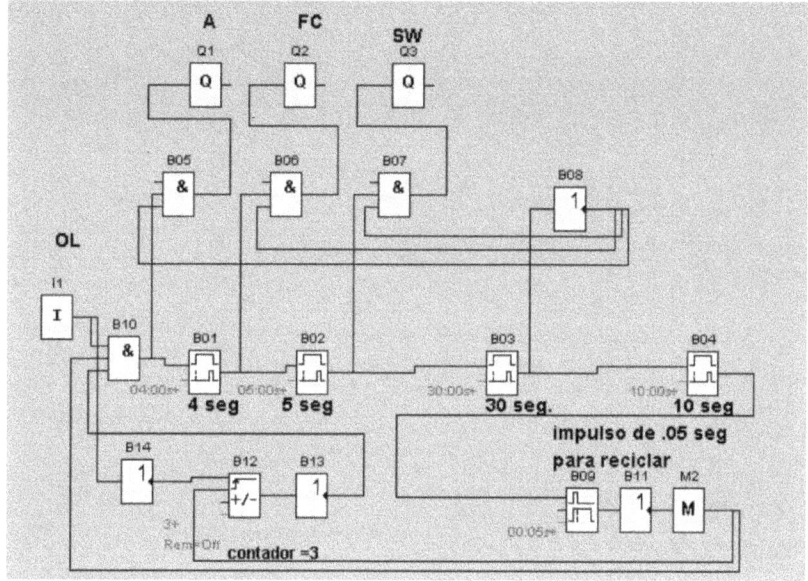

ProgramaLOGO:

Practica 13

Controlador de arranque y paro de motor de corriente directa con PLC.

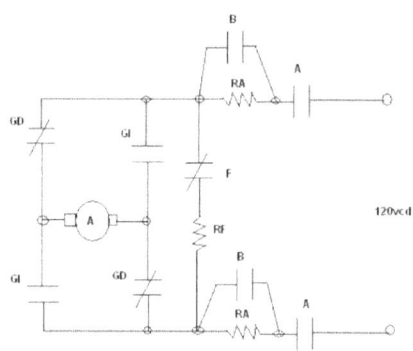

Diagrama de potencia

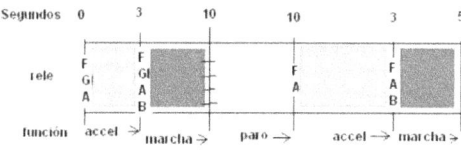

Diagrama de tiempos

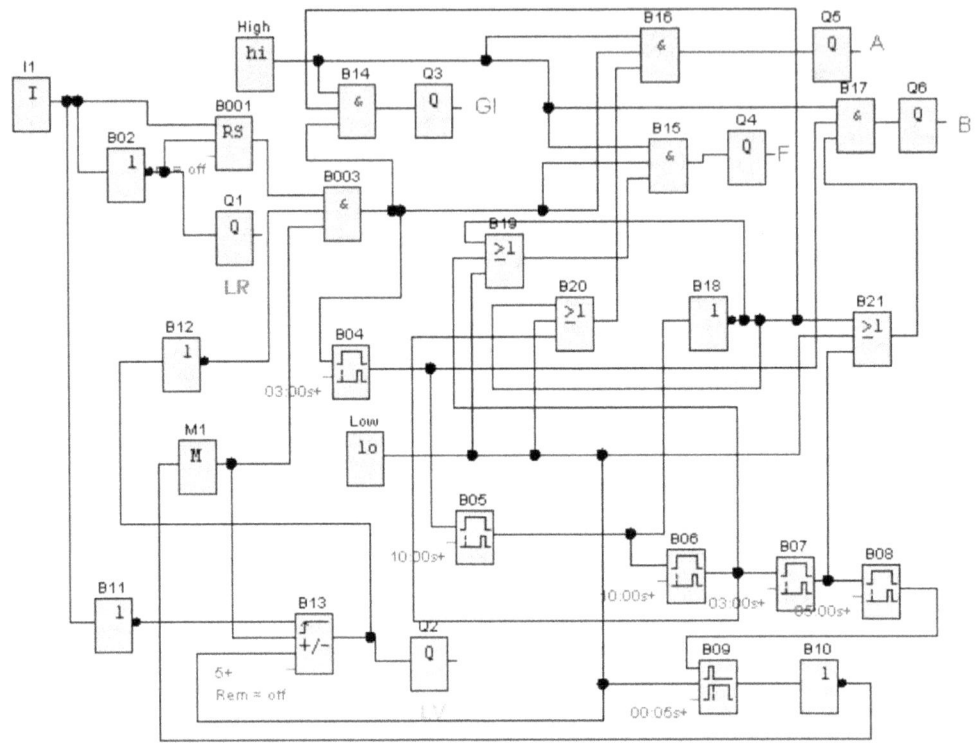

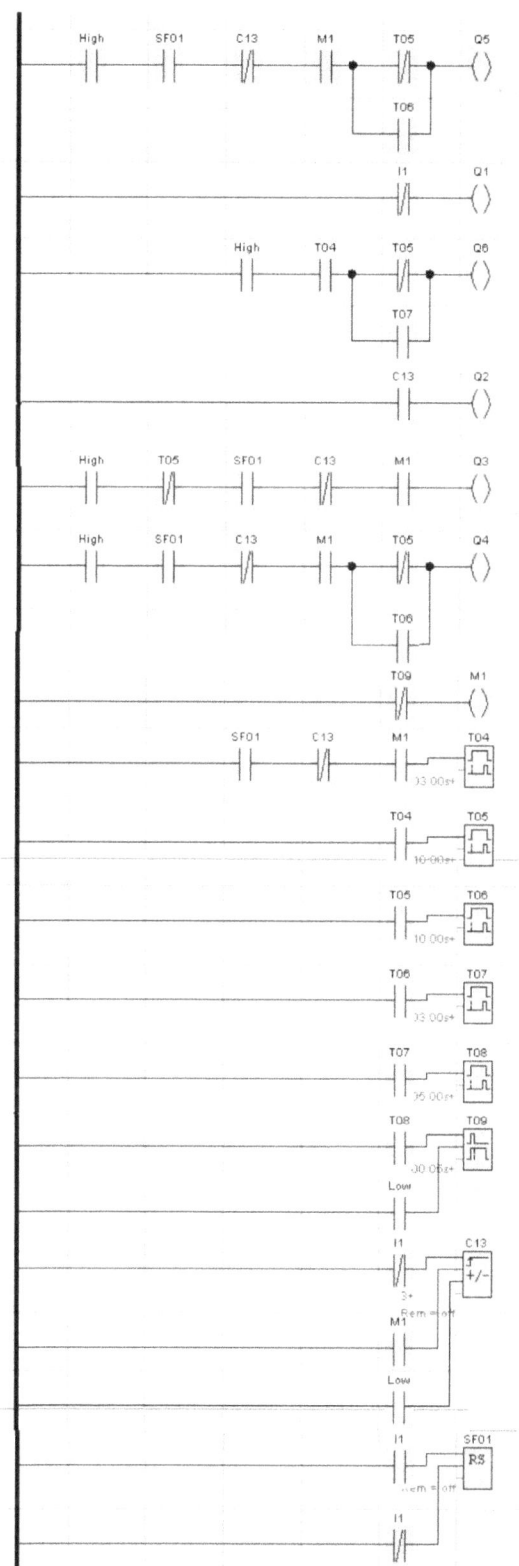

www.ingramcontent.com/pod-product-compliance
Lightning Source LLC
LaVergne TN
LVHW080433060326
833184LV00045B/2238